梅江古树

Meijiang Gushu

李坤新 廖富林 罗来辉 刘德良 / 著

暨南大学出版社
JINAN UNIVERSITY PRESS
中国·广州

图书在版编目（CIP）数据

梅江古树/李坤新，廖富林，罗来辉，刘德良著．—广州：暨南大学出版社，2012.12
ISBN 978－7－5668－0388－7

Ⅰ.①梅…　Ⅱ.①李…②廖…③罗…④刘…　Ⅲ.①树木—介绍—梅州市
Ⅳ.①S717.265.3

中国版本图书馆CIP数据核字（2012）第254222号

出版发行：暨南大学出版社

地　址：中国广州暨南大学
电　话：总编室（8620）85221601
营销部（8620）85225284　85228291　85228292（邮购）
传　真：（8620）85221583（办公室）　85223774（营销部）
邮　编：510630
网　址：http：//www.jnupress.com　http：//press.jnu.edu.cn

排　版：广州市天河星辰文化发展部照排中心
印　刷：佛山市浩文彩色印刷有限公司

开　本：787mm×960mm　1/16
印　张：10.5
字　数：196千
版　次：2012年12月第1版
印　次：2012年12月第1次

定　价：43.00元

前　言

古树是大自然留给我们的珍贵遗产，对古树的研究有利于了解一个区域的人文历史和社会发展，也有利于研究一个区域的自然气候变迁。古树复杂的年轮结构，蕴含着水文、地理、气候和植被的历史特征信息。调查研究古树的目的在于分析古树的种类和分布状况，分析当地自然和非自然因素对古树生长的影响，揭示古树濒危的原因，为古树的保护和利用提供科学的依据。

梅州位于广东省东北部，地处五岭以南，东邻福建，北倚江西，西连河源，南接潮州，全市 85% 左右的面积为海拔 500 米以下的丘陵山地，土地肥沃。梅州境内植物种类丰富，已记载的植物有 2 268 种，隶属于 231 科，874 属。美丽富饶的梅江山水，生长着大量树形奇特、苍劲古老的百年古树，有的铁骨虬枝若苍龙腾飞，有的古朴典雅姿态动人，是乡土风景资源的典型代表，极富科研、实用和观赏等价值。

为了更好地保护梅江古树名木，梅江区林业局与嘉应学院生命科学学院联合开展了梅江古树的调查和系统研究工作，调查范围包括梅江区所辖的金山、江南、西郊三个街道办事处和城北、三角、长沙三个镇。考虑到梅江的自然地理特点，调查把梅州城区周围山地面向城区的山坡也纳入了调查范围，以便更好地反映梅江古树的区系与特征。

调查采取实地调查和访问相结合的方法，并结合历史资料，对每株古树进行测量，记录古树树龄、生长状况以及冠幅、树高、胸围等数据和古树生长的立地条件，包括土壤、坡度、光照、植被等，对其全株及花果进行拍照并采集部分标本。

根据调查内容，我们编写了《梅江古树》一书，内容主要包括两个部分：第一部分主要介绍梅江古树的调查范围及其自然条件，调查的依据、方法和意义，古树的种类、分布及特点，并提出古树保护和利用的建议；第二部分着重介绍此次调查所得的 54 种古树，包括植物学名、形态特征、产地分布、生态习性、用途等，并附有部分实物照片。

调查过程中得到梅江区林业局、嘉应学院生命科学学院的大力支持，此外，各乡镇林业站的李昌福、梁贵华、杨彬、谢党恩、丘招寿、罗红新及部分护林员参与野外调查并提供了大量的原始资料，梅州市园林管理处提供了部分城区的古树资料与照片，嘉应学院园林专业2006级学生廖嘉琪、叶文忠、谢小珍、严晓欣、张思娜、张淑娟、谢胜强、钟敏松、罗利花等参与了野外调查，廖嘉琪、严晓欣等参与了部分资料整理工作。

梅江区林业局范贵新局长、魏文副局长，嘉应学院生命科学学院钟福生教授在百忙之中抽出时间审阅书稿并提出宝贵意见，在此对他们表示衷心的感谢。

由于调查时间正值仲夏，部分植物标本未能采集到花与果实，给鉴定树种的准确性造成一定障碍，加上时间仓促，编者水平有限，错误与遗漏在所难免，欢迎读者批评指正。

编　者

2012 年 2 月于梅州

梅开盛世

目录 CONTENTS

附录一 古树名木调查保护的有关文件

附录二 梅江古树调查统计表

附表三 梅江古树种类数量统计

第一章 总 论

梅州城是国家历史文化名城，也是客家人的主要聚居地和繁衍地，被称为“世界客都”。梅州市位于广东省东北部，梅江区位于其境内，地理位置为115°19′E～116°56′E，23°23′N～24°56′N，交通便利，辖区内有梅县机场，直飞广州、香港等地，205国道、206国道、天汕高速、梅河高速、广梅汕铁路和梅坎铁路连接成沟通闽、粤、赣的省际交通网络。

梅江区是在我国实行市管县体制后，于1988年3月成立的梅州市直辖县级区，下辖长沙、三角和城北三个镇及金山、西郊和江南三个街道工作委员会，总面积298.4平方公里，是梅州市委、市政府所在地，是全市的政治、经济、文化和交通中心。

虽然梅江区仅有24年的建区历史，但它具有悠久的历史文化。南朝齐（479—502年）析海阳县置程乡县；南汉乾和三年（945年）于程乡设敬州，领程乡一县；北宋开宝四年（971年）改称梅州；明代撤梅州复设程乡县；清雍正十一年（1733年）升为直隶嘉应州；民国元年（1912年）撤州改设梅县。中华人民共和国成立后仍称梅县，1983年改设梅县市，1988年撤市分置梅县和梅州市梅江区。

梅江区的名胜古迹众多，其中著名的有南宋时期文物千佛塔、梅州学宫、黄遵宪故居、泮坑旅游度假村等，这些名胜迹地内，大都保存有古树。

梅江区保存着众多的古树，这与当地村民的神灵崇拜和风俗习惯有关。梅州是世界客家人的聚居地，有“世界客都”之称。客家民系在长期迁徙、选择和改造生活家园的过程中，在传统儒家文化教育和根深蒂固的乡土情结的交织下，面对自然的风雨环境，在人与自然的斗争中逐步形成了独特的“风水观”，对“自然神灵”的膜拜、对祖先和故土的怀念通过“神位”等载体表现出来，植物崇拜便是明显的例证。

在客家地方，一些古树如细叶榕、樟树、秋枫等旁边，通常置有“伯公”神位，供人们祭拜。凡有神庙或神位之处的古树，村民不敢随意砍伐。客家人笃信传统风水，注重与自然和谐相处，往往在村庄屋后保存着一大片“风水林”，并且禁止在那里砍伐树木。因此，路边桥畔、房前屋后、风口岗地都留下了保护较好的古树群。

这些习俗虽然多少带有迷信色彩，但客观上对当地的古树起了重要的保护作用，这也是“风水林”及百年以上的古树得以保存下来的重要原因。

第一节　梅江古树资源调查的背景与意义

一、梅江古树资源调查的背景

文明的进步使人鼓舞，进步的代价也让人觉醒，人们越来越清楚地认识到“保护生态环境，实现经济持续发展，创造健康未来”已不只是一句口号。自从 1972 年斯德哥尔摩“联合国人类环境会议”以后，全球环境保护运动日益扩大和深入，以追求人与自然和谐相处为目标的“绿色革命”正在世界各地蓬勃展开。

人类从没像今天这样关心自身的居住环境问题，人类最大的聚居地——城市的环境问题，开始受到世界各国普遍的关注。从 19 世纪中叶美国的“城市公园运动”起，人们就已经开始思考如何保护和建设城市绿地，这一观点在之后的“带形城市”和“田园城市”中得到进一步的推广与应用，而近代提出的“生态城市”更是将这一观点提升到了一个新的高度，即由简单的关注城市绿地扩展到研究如何保存生态环境的整个区域范围内的绿地系统。

1990 年，大卫·高尔敦在加拿大出版了《绿色城市》（*Green Cites*）一书，探讨城市空间的生态化途径，提出了绿色城市除了建设大面积完善的绿地系统外，还应扩展到保护自然生态环境和社会环境生态化的区域范围，将生态学、美学、社会学等学科原理与城市园林绿化工作相结合，从自然生态和社会心理的视角，去创造一个能充分融合技术和自然的人类活动的最优环境，激发人的创造力和生产力。

随着我国城市建设的快速发展，要展开研究的不是单个城市的绿地规划，而是一个区域甚至是国土范围内的景物规划，也即大地“景观规划”。绿色城市、生态城市、城乡一体化等区域性发展问题要达到这一层次才能解决。对这一观念的认识，可以让我们更多地关注城市人居环境的建设，促进城乡建设与绿地空间的协调发展。

建设部于1992年决定在全国范围内开展园林城市创建活动，各城市政府积极响应，珠海、中山、马鞍山、深圳等城市现已成为国家园林城市。

2004年国家建设、园林部门及各园林城市的市长齐聚深圳，共同签署发表了《生态园林城市与可持续发展深圳宣言》，提出了“生态城市”的概念，为城市建设提出了更高的要求和目标。

梅州市委、市政府于2003年提出力争3年建成中国优秀旅游城市、5年建成国家园林城市的目标，由此激发了全市人民群众爱花护绿、发展绿化和保护环境的热情。2003年，新一届梅州市委、市政府提出了实施“四个梅州”战略，即“开放梅州、工业梅州、生态梅州、文化梅州”，提出要以开放梅州为先导，工业梅州为重点，生态梅州为基础，文化梅州为动力。该战略的一个重要内涵是经济的发展应以环境的优化与生态的可持续为前提。2004年，梅州在全市展开了以“生态安全、生态建设、生态文明”为核心，以优化生态环境和美化人居环境为目标的“绿满梅州”大行动。此后，绿地建设作为生态梅州的主要空间载体得到各级部门的高度重视。

在泛珠三角经济合作和发展区域，作为粤东北后花园和生态屏障，梅江区地处梅州市的中心地带，包括梅州城区和城市周边范围，是梅州城市的重要生态屏障。梅江林业建设和森林生态环境保护对梅州城市人居环境建设与生态园林建设起着举足轻重的作用。

古树名木是记录自然、社会演变的活文物，是一种特殊的自然资源。全国绿化委员会于1996年颁发了《关于加强保护古树名木工作的实施方案》，并把古树名木分为古树和名木两类。树龄在百年以上的称为古树；具有历史价值和纪念意义的，树种珍贵、国内外稀有的，树形奇特、国内外罕见的，国家规定的重点保护树种定为名木。国务院《城市绿化管理条例》把保护古树名木作为一项重要内容，城市绿地系统规划和植物多样性保护规划都把古树名木保护作为专项规划，体现出古树名木保护的重要意义。2001年，全国绿化委员会和林业局发文组织了全国范围的古树名木调查，制定并发布了古树名木的调查技术规范。

在此背景下，梅州市梅江区林业局组织了由梅江区林业局与嘉应学院生命科学学院联合组成的调查队，开展了对梅江区范围内古树名木的调查工作，旨在摸清梅江古树资源情况，便于采取有效的古树保护管理措施，且为本地的历史气候变迁、乡土树种生态研究和城市绿化树种选择提供重要的科学依据。

二、梅江古树资源调查的意义

古树名木是有生命的古文物，是祖国的重要风景资源，是大自然赐给人类极其宝贵的财富。它们树形奇特，苍劲古老，是一群活的历史文物，是乡土风景资源的典型代表，因此人们把古树看作是民族文化悠久和古国文明的象征。同时，古树的生长和地带的分布也是长期适应自然环境的结果，是自然历史过程的活见证，对于探索自然地理环境变迁、植物区发生发展具有十分重要的意义，也是体现古代人工栽培、引种、驯化等科学技术发展的珍贵标本。

马尾松林远眺

掌握古树名木资源分布情况、生长生态情况，建立古树名木档案，相应地采取有效的保护措施，使之充分发挥作用，这对于更好地研究人类的文明史、植物地理学、古植被和气候的变化，以及水土保持等都具有一定的科学价值，同时也能为地方旅游事业增添丰富多彩的新内容、新景观和新景点。

在旅游事业不断发展的今天，古树名木以其古朴典雅的姿态，吸引人们去游览，成为价值连城的艺术品。因此，保护和管理好古树名木，对于建设社会主义精神文明，开展文化科学研究和发展旅游事业都具有重要的现实意义。

古树名木，是我国林木资源中的瑰宝，也是自然界和前人留下的珍贵遗产，具有重要的科学、文化和经济价值。

对梅江古树资源进行调查，有利于摸清梅江区范围内的古树名木资源种类、数量与分布，为制定古树名木保护规划，实施古树名木管理、保护和科学研究提供科学的依据，其结果必将为生态梅州发展战略作出应有的贡献，为钟灵毓秀的梅江增添华彩乐章。

第二节　梅江自然地理与人文环境

一、梅州自然地理环境

（一）区位环境

梅州市位于广东省东北部，地处韩江流域中上游。东与福建龙岩毗邻，西与河源市相接，南与揭阳市、潮州市、汕尾市相连，北与福建省武平县及江西省寻乌县接壤，辖梅县、五华、大埔、丰顺、平远、蕉岭、兴宁、梅江区等。

（二）自然地理

梅州地理位置为115°19′E～116°56′E、23°23′N～24°56′N，东西直线宽167公里，南北直线长172公里，全市总面积为15 836平方公里。

1. 山地丘陵地貌结构，山水体系排列有序，盆地相对闭塞

梅州全区山地丘陵广布，约占土地总面积的75%，其中800米以下的低山、丘陵、台地面积最大。地貌形态复杂，山系分布有明显的规律性，主要由三列东北—西南向的罗浮山系、莲花山系和凤凰山系构成。

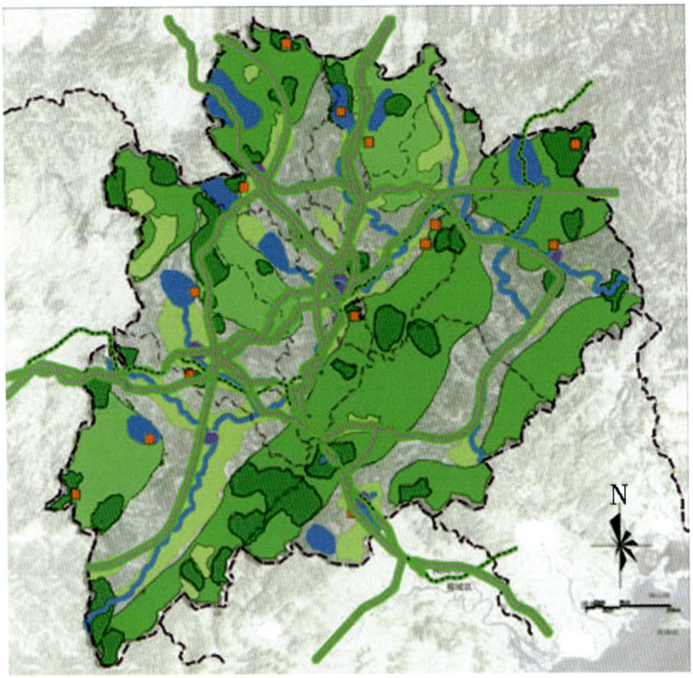

梅江流域地形分析图

位于韩江上游的梅江，发源于紫金县的七星峒，沿莲花山脉的西北侧，途中流经安流、五华、水口、梅县，至松口附近，切过莲花山脉，在三河与汀江汇合后往东南流，经潮州进入韩江三角洲分流出海。

梅江自西南向东北流，其支流多从西北向东南流入梅江，华阳河、周江河、五华河、宁江、程江等七八条一级支流沿江平行排列。梅江干流紧靠莲花山西北麓向东北流，其主要支流均分布于左侧，而右侧支流短小、湍急、坡降大。本区各山系之间沿河分布多个盆地，莲花山系北侧梅江流域集雨面积达 13 000 平方公里。

梅州这种山系纵横交错、盆地闭塞如袋的地形特点，对地区气候、水文及其他自然因素产生了重要影响。

2. 以南亚热带气候为主，冬季常低温；地形独特，气候环境明显

梅州处于中亚热带与南亚热带交汇地带，气候以南亚热带类型为主，光、热资源丰富，降水充沛。年太阳辐射量 4 560 ~ 5 110 兆焦/平方米，平均气温 20. 7℃ ~21. 4℃，1 月平均气温一般都在 11℃ 以上，≥10℃ 连续积温一般都超过 7 000℃。年降水量 1 400 ~ 1 800 毫米，但季节分配不均，75% 以上雨量

集中在4～9月。

由于独特的地形条件的影响，其气候具有如下特点：

（1）冬季低温冷害问题较其他南亚热带地区严重。由于地形闭塞，气流不畅，利于冷空气堆积。冬季从北方来的冷空气越过北部山地进入本区，遇到高峻的莲花山系的阻拦，滞留在梅江各盆地中，常常产生低温。

（2）雨量与广东同类地区相比偏低。因为莲花山脉对夏季从海洋来的气流产生阻隔作用，使本区内位于莲花山脉北侧的各县年降雨量减少，莲花山系北侧各县年降雨量一般在1 600毫米以下。

（3）多数地方风速较小，台风对本区的影响主要表现在降雨方面。因受地形影响，本区各盆地常年风速较小，台风带来的降雨，则常常有利于解除或缓和秋旱。

3. 水资源丰富，但季节分配不均

梅州平均年降雨总量为250.3亿立方米，平均年径流量为127.99亿立方米，单位面积产水量为80.6万立方米/平方公里，地表水资源数量较丰富。径流年内分配不匀，汛期（4～9月）径流量占年总量的70%～75%。

（三）生物资源与生态环境

1. 生物资源

本区北部植物区系基本属于泛北极植物区的中国—日本区域，南部属古热带植物区的印度—马来西亚植物亚区，本区植物区系的特点是：南北交汇，本地起源的物种较丰富，还保留了不少古老种类。

而本区复杂多样的地形和气候条件，更为多种类型的生物繁衍提供了条件。

然而，长期滥伐森林致使森林资源和林地面积不断减少，森林资源结构比例失调，林种、林龄结构不合理，质量降低。由于许多动植物种类是与森林相互依存的，与森林共同组成统一的生态系统，森林数量和质量的改变，都必然造成其他生物生存环境的改变。本区原生森林已经被砍伐殆尽，许多珍稀植物的数量和种类也在减少。野生动物资源日益减少的状况更为严重，不仅古时的鳄、象早已灭绝，穿山甲、虎纹蛙、蟒蛇等也到了濒临绝种的地步。

总的来说，本区生物资源丰富，但正面临着衰退的危险。

2. 生态环境

在人与自然的关系中，一方面，人是生产者，是生产力中最活跃的因素；另一方面，人又是消费者，要从自然环境中取得生活、生产资料，向自然界不断进行物质变换，因而人又是自然界生态平衡的主要干扰因素。

梅州的开发历史，可以追溯到四五千年以前。大约四千多年前，这里已有人类居住，从事渔猎和粗放的农业生产，还会织布结网、烧制陶器等。据史料记载，直到唐宋年间，本区还属于地多人少的区域，当时林菁深密，瘴气熏人，江中鳄鱼为患，陆上野象横生。可见唐宋年间梅州还是以森林与沼泽环境为主的。

梅州较大规模的开发活动，应是在唐宋年间客家人大量移入之后开始的。勤劳勇敢的客家先民，披荆斩棘，开辟山林，垦荒造田，使本地的自然面貌逐渐发生了较大的变化。

明清时期，本区生产已发展到相当的水平，象、鳄等动物已经绝迹。至清中叶，人口已大大增加，当时的嘉应州人口密度达到 135 人/平方公里，仅次于广州、潮州、高州三府。此时，人类活动逐渐超过人与自然界平衡的界限，人地关系已逐渐趋于紧张。

此后，由于长期对山地的不合理开发利用、过度砍伐树木、破坏天然植被等原因，梅江流域成为广东省水土流失严重的区域。由于植被的消失，地面对太阳辐射的反射率随即改变，导致地面热量减少、水蒸发蒸腾减少、地面变干旱、气温变化幅度增大等，由此造成严重的水土流失与生态环境恶化，并造成不良的社会与经济后果。

（四）植物区系与植被特征

1. 植物种类

经估计，梅州高等植物的种类有 3 000 多种，目前采集和记载维管植物 2 268种。据统计，这 2 268 种植物隶属于 231 科 874 属。其中，蕨类植物有 29 科 62 属 164 种；裸子植物有 7 科 11 属 14 种；双子叶植物有 134 科 471 属 908 种；单子叶植物有 22 科 87 属 121 种。

2. 植物区系

（1）地理起源成分多样。梅州种子植物 801 属划分为 13 个分布型，在各类地理成分中，以热带成分占绝对优势，共有 518 属，占总属数的 72.1%。其中热带成分以泛热带分布和热带亚洲分布为主，共 332 属，占区系总属数的 46.2%，表明梅州市种子植物区系有较强的亲热带性。如杜英属、紫金牛属、榕属、冬青属、山矾属等为泛热带分布型；木莲属、南五味子属、山茶属、润楠属、新木姜属、黄杞属等为热带亚洲分布型，它们中大多数在梅州植物群落中是建群种或优势种。

温带分布型共 190 属，占总属数的 26.5%。梅州地处南亚热带与中亚热带的交汇地带，加上山地生境温凉，因此该区植物具有一定数量的温带成分。

其中以北温带成分为主，计有 73 属，占总属数的 10.2%，主要代表属有松属、杨梅属、蔷薇属、杜鹃花属、漆树属、青冈属、栎属、花楸属等，它们中有一些是常绿阔叶林的重要组成部分。

（2）过渡性明显。梅州地处广东东北部，兴宁—梅县—蕉岭—大埔以南为南亚热带，以北为中亚热带，是南亚热带向中亚热带过渡的地带。北回归线横过五华县南部。统计数字表明，在各类地理成分中，热带成分为 518 属，温带成分为 190 属，两种成分的百分比分别为 72.1% 和 26.5%，说明热带、亚热带、温带地理成分相互交汇，有较明显的过渡性和交汇性特征。

从组成森林群落的种类来看，主要由栲属、栎属、润楠属、黄瑞木属、厚壳桂属、木荷属、柃木属、杜英属、山矾属、黄杞属等常绿类组成，次生林以常绿针叶林、针阔叶混交林、灌丛为主，如松属、杉木属、桃金娘属、胡枝子属、枫香树属等。

（3）特有成分较多。特有成分是指中国特有分布，共 11 属，占总属的 1.5%，如石笔木属、观光木属、穗花杉属、枳椇属、半枫荷属、伯乐树属、伞花木属等。

3. 珍稀濒危植物

根据国务院环境保护委员会颁发的名录，属一、二、三级保护的有 36 种，它们是观光木、伞花木、伯乐树、青檀、粘木、三尖杉、沉水樟、穗花杉、白桂木、巴戟天等。梅州境内有野生珍稀濒危植物 26 科 33 属 36 种，其中蕨类植物 3 种，裸子植物 6 种，被子植物 27 种；属国家一级保护植物的有南方红豆杉、水松和伯乐树 3 种，属国家二级保护植物的有桫椤、金毛狗、野大豆等 13 种；属国家三级保护植物的有巴戟天、沉水樟等 12 种，属省级保护植物的有三尖杉、仪花、苏木等 5 种。

（五）植被分布

本区山地森林分属中亚热带常绿阔叶林和南亚热带季风常绿阔叶林，主要有樟科、壳斗科、山茶科、木兰科、桃金娘科、金缕梅科以及松、杉等科。

1. 北部地区亚热带常绿阔叶林

亚热带常绿阔叶林多分布在海拔 200 ~ 800 米的山坡上，组成种类以红椽、罗浮栲、小叶栲、木荷、黄樟、杜英、阿丁枫等为主；在局部的沟谷中出现南亚热带季风常绿阔叶林的层片；800 米以上的山顶和山脊上出现山顶矮林，以杜鹃、乌饭树、甜槠、五列木、厚皮香等为主。

但由于长期的砍伐利用，目前这一植被类型只零星残存在一些山谷或村庄附近。

亚热带常绿阔叶林被砍伐之后，常形成以藜蒴为主的次生林、以小叶栲为主的次生林，以及以藜蒴、木荷、鼠刺、鸭脚木等为主的次生林等。

亚热带常绿阔叶林经反复破坏之后，就出现亚热带草坡。在低山丘陵的阴坡常出现芒萁群落。在水湿条件良好的阳坡常出现纤毛鸭嘴草—金茅群落，草坡上常分布着散生的马尾松、乌药、黄瑞木等灌木。在土层瘠薄的山坡上常出现岗松—鹧鸪草群落。在海拔 800 米以上的山地上，常出现由金茅、野古草等组成的山地草坡类型。

2. 南部地区亚热带季风常绿阔叶林

季风常绿阔叶林只零星分布在局部山谷和村边，组成种类以红锥、罗浮栲、木荷、华润楠、鸭公树、鸭脚木、杜英等为主。海拔 800 米以上山地分布的常绿阔叶林与北部地区的类型相似，组成种类以红椽、罗浮栲、红楠、阿丁枫等为主，两者同属于亚热带常绿阔叶林类型。

季风常绿阔叶林被破坏之后，常出现以红锥或藜蒴为主的次生林，在村边则出现以木荷、鸭脚木、红锥等为主的次生林。

季风常绿阔叶林经反复破坏之后，出现亚热带草坡。在低山丘陵的阴坡亦出现芒萁群落，在水湿条件良好的阳坡出现纤毛鸭嘴草—金茅群落，草坡上亦有散生的马尾松乔木，但灌木的种类则以桃金娘、岗松为主，其他常见的有野牡丹、柃木、黄瑞木、黄栀子等。在土层瘠薄的山坡上常出现岗松—鹧鸪草群落，群落中的灌木除岗松之外，常见的还有山芝麻、了哥王、鸡骨香等。在海拔 800 米以上的山地上，出现由褐毛金茅、野古草等组成的山地草坡类型。

二、梅江自然环境与森林植物

（一）梅江环境

梅江区位于梅州市中部的梅江盆地，该盆地由梅江、程江等河流冲积而成，横直 8 ~ 13 公里，包括梅州城区金山、江南、西郊共三个街道办事处和城北、三角、长沙三个镇。

梅州城区四周均为中低山与丘陵，海拔多为 100 ~ 500 米，盆地中部有一些低丘台地（梅花山、马鞍山等）、岗地和平原，与四周的山体遥相呼应。城区南部的高观音峰海拔为 769. 8 米，为盆地周边的最高峰；城区东侧的百岁山—东山（千佛塔）、南部泮坑—圣人寨林木繁茂、风景秀美。

梅江由西南方向流入城区，城区段呈“几”字形，由城区东南方向流出。

梅江两岸为冲积红黏土，江南以细沙质亚沙土为主，丘陵地带为红黏土或风化红沙岩。因梅江上游水土流失严重，河水混浊，河床日浅，水位变化大，最低水位 70.1 米（珠基高程），历史最高洪水位 80.97 米。自西阳水电站建成蓄水后，城区段常水位 73.5 米。梅州城区范围内有一级支流程江自西向东汇入梅江，另有周溪河、扎田河、黄塘河三条小支流自北向南流经城区，分别汇入梅江、程江。

梅江周边山地

城市是社会生产力发展到一定历史阶段后人类活动给自然界留下的最明显印记之一，是在空间位置上占据一定的地域范围、由复杂异质景观单元构成的、人口比较密集的地理板块。城市环境因素梯度变化明显，在从乡村到市中心地带的空间样带上，许多环境要素，如人口密度、空气和土壤污染程度、热岛效应、平均降水量、土壤紧实度、土壤盐碱度以及其他人类干扰指标，均表现出明显的梯度变化。

城市是一个以人为主体的复杂生态系统，并形成许多不同的城市功能区。在这些不同的城市功能区和人工绿地及湿地中，适合大多数野生生物生存的自然生境类型逐渐被建筑物、水泥路面以及其他城市基础设施（如人工绿色空间）所替代或破碎化，使城市中适合生物生活的生境面积显著减小，且生境也因城市不同功能区的划分而呈现高度的破碎性，导致自然生境面积明显减小。

由于城市环境的异质性较低，生物多样性的发展空间小，导致其食物链结构简单，参与生物地球化学循环份额较小，以致生态系统缓冲外力干扰与冲击的自维持能力减弱，系统脆弱。随着城市人口的迅速增加和工业的发展，生态环境遭到严重破坏，城市生态系统功能不断退化，城市地区的环境正在变得越来越不适于生物生存。

由于人口稠密、交通发达、土地利用率高、原生植被保存较少，梅江区的树林除小面积亚热带常绿阔叶林外，其他多为次生林。

近年通过封山育林、荒山造林、退耕还林建设，森林植被恢复较快，森林地带性植被得到较好的恢复和发展，但仅仅是针叶林多，尚未形成稳定并具有一定面积规模的地带性森林植物群落。

梅州城区气候温暖、热量丰富、雨量充沛，非常适宜植物生长，易形成林茂田丰的自然生态景观。盆地四周为连绵山体，有森林围城之势，为梅城构筑起良好的绿化环境背景和较好的绿色郊野景观基质。

（二）梅江主要植被类型

梅江植被类型主要有五类：

1. 阔叶林

阔叶林的类型较多，根据群落的外貌、种类组成、结构和生态特点，可将其分为常绿阔叶林和季风常绿阔叶林两种类型。

梅江防护林

（1）常绿阔叶林。

常绿阔叶林是梅江区的代表性植被类型，现存的常绿阔叶林多为次生类型。较大面积的常绿阔叶林主要分布于城北和长沙地势较高、海拔 500 米以上的山地，一般坡度较大，水湿条件好，土壤为红壤或黄壤，土层较厚，表土疏松湿润，有机质含量丰富，地表有较厚的枯枝落叶层。

常绿阔叶林林冠完整，层次结构较明显。乔木层组成种类丰富，灌木层的种类较少，草本层稀疏，藤本植物常见但数量少。乔木层主要有红椽、罗浮栲、甜槠、小叶栲、鹿角栲、藜蒴、木荷、黄樟、华润楠、杜英、阿丁枫等。林下灌木主要有细枝柃、罗伞树、羊角花、杜鹃等；草本植物主要有狗脊、乌毛蕨、淡竹叶、十字苔、沿阶草等；藤本植物主要有瓜馥木、山鸡血藤、藤檀等。

次生的常绿阔叶林常混生有马尾松针叶树，有些地方还混生有毛竹，形成毛竹—阔叶树混交林。常绿阔叶林经过反复砍伐后，常形成藜蒴纯林或小叶栲纯林。

（2）季风常绿阔叶林。

季风常绿阔叶林是我国南亚热带的代表性植被类型，季风常绿阔叶林的生境较为温暖湿润，群落的组成成分较为复杂，热带成分增多，出现较多的藤本和附生植物。

本区的季风常绿阔叶林组成种类主要有红锥、锥栗、木荷、黄樟、厚壳桂、粘木、华润楠、鸭公树、鸭脚木、红车、罗浮栲、红鳞蒲桃、杜英、豺皮樟等。灌木层种类多为耐阴植物，主要有九节、罗伞树、粗叶木、疏花卫矛、变叶榕等。草本层较稀疏，常见种类有狗脊、扇叶铁线蕨等，藤本植物有小叶买麻藤、瓜馥木、红叶藤、玉叶金花等。

常绿阔叶林和季风常绿阔叶林是本地区的典型森林植物群落，它们层次结构复杂，有较强的截留降水、涵养水源和保持水土的能力，其枯枝落叶和根系分泌物能够改良土壤。常绿阔叶林和季风常绿阔叶林中有很多珍贵的动植物，是动植物资源的保护基地。

2. 针叶林

（1）马尾松林。马尾松林分布于海拔200～600米之间的丘陵山地。土壤多为花岗岩或沙页岩发育而成的红壤或赤红壤，土壤呈酸性。马尾松林绝大多数是中、幼龄林。灌木层常见的种类有芒萁、五节芒、纤毛鸭嘴草、野古草、蜈蚣草等。

（2）杉木林。杉木林所在地的土壤为红壤或赤红壤和部分黄壤，土层深厚肥沃，环境较为湿润。杉木林为人工种植的纯林，成小块状分布，林木结构整齐。林下常见的灌木有柃木、胡枝子、冬青等。草本植物有乌毛蕨、芒萁、五节芒、淡竹叶、蕨菜等。

3. 针叶、阔叶混交林

本类型分布区海拔大约与马尾松林相同，土壤为红壤或赤红壤。与马尾松林相比，混交林的生态环境条件较好，土层较深厚，环境较为湿润。

本区的针叶、阔叶混交林是针叶林向阔叶林过渡的类型。乔木可分为两层，上层为马尾松，下层为阔叶树。阔叶树种主要为木荷、藜蒴、枫香、小叶栲、红锥、黄樟、甜槠等；灌木层的主要种类有桃金娘、罗伞树、粗叶木、柃木、草珊瑚等；草本层主要有芒萁、狗脊、五节芒、黑莎草和乌毛蕨等。

4. 竹林

竹子种类有毛竹、青皮竹、绿竹、泥竹、粉单竹等，它们各自成单优竹林。

毛竹林分布区多为海拔300～500米、环境湿润、土壤肥沃的山坡。林下灌木主要有黄瑞木、鲫鱼胆、红背山麻杆、草珊瑚、紫珠、玉叶金花、九节等；草本层主要种类有扇叶铁线蕨、鳞毛蕨、五节芒、苔草、狗脊等。

青皮竹、绿竹、粉单竹等主要分布于沿河两岸或村庄附近。

5. 灌丛

（1）红色岩灌丛。红色岩灌丛的生境特点是坡陡、土层薄、干旱，母岩为红色沙砾岩。灌丛的主要组成种类有罗伞树、美丽胡枝子、六道木、木苎麻、赤楠等。灌丛中的草本植物主要有半边旗、白苏、野鸡尾、长生铁角蕨等。

（2）丘陵稀树灌木草坡。丘陵稀树灌木草坡一般分布于海拔500米以下的丘陵。散生于本区南部的灌木组成种类以桃金娘为主，其他常见的种类有岗松、野牡丹、黄瑞木、黄栀子、春花、算盘子、山芝麻、赤楠等。草本层的主要种类有芒萁、五节芒、野古草、纤毛鸭嘴草、蜈蚣草、金茅等。

（3）山地稀树灌木草坡。山地稀树灌木草坡一般分布于海拔500米以上的山地。组成种类有杜鹃、乌饭树、赤楠等。草本层组成种类主要有芒萁、五节芒、金茅、野古草、纤毛鸭嘴草、蕨菜等。

（三）城郊自然生境与植被

城郊自然生境与植被主要分布在梅州城郊的山地、丘陵地，总面积7 014.13公顷。其中有洋坑自然保护区、天鹅山森林公园和梅花山公园。洋坑自然保护区以天然植被为基础，树木茂密，植物种类繁多，还渗透了各种人文景观，景观简朴自然，令人神往。

梅江周边天然植被

植被类型丰富的地带性季风常绿阔叶林大多为次生林所代替，其植被覆盖率高，生物多样性十分丰富。植物种类繁多，如壳斗科、山茶科、樟科、木兰科、金缕梅科、冬青科、杜英科等，是梅州城区纵深广阔的生态屏障。

细叶榕

常绿阔叶林的乔木种类主要有樟树、青栲、马尾松、石栎、杜英、栲树、冬青、石楠等；落叶乔木有枫香、朴树、野漆树、野柿、构树、乌桕等。

灌木有乌饭、杜鹃、赤楠、柃木、黄栀子、金樱子、悬钩子、构骨冬青、算盘子、盐肤木等。

藤本植物有野葛、忍冬、藤黄檀、南蛇藤、香花崖豆藤、拔契、爬山虎、络石、凌霄花等。

蕨类植物有卷柏、芒萁、凤尾蕨、剑叶凤尾蕨、两色鳞毛蕨、石韦、蕨菜等。

（四）科属种的分析

在自然植被里，从区系学角度分析植被的种类组成为判断植被类型与性质提供了重要的依据。受梅州地处南亚热带与中亚热带交汇处的地理位置和海洋暖湿气流影响，亚热带季风性湿润气候属性是梅江植物区系的基本特点，区系成分复杂。

木棉

初步资料显示，在梅江常见的128个科中使用种数较多的是大戟科、桑科、桃金娘科、夹竹桃科、棕榈科、天南星科。其中分布于热带、亚热带地区的科占多数，有38个，占科总数的29.7%；其次是热带地区的科，有30个，占科总数的23.4%。同时还有一定的温带成分，有19个科，占科总数的14.8%。这些科植物的分布、生长与梅州城区地处南亚热带和中亚热带过渡地带的地理位置及气候特征基本吻合。

梅州城区选择的绿化植物有432种，隶属于261属，其中有22属为国外引入属。261属中以泛热带分布、旧世界热带分布、热带亚洲地区分布占优势，共有107属，占属总数的41.0%。同时各类温带成分也不少，第8～11和第13等温带成分共有65属，占属总数的24.9%。以上数据说明梅州城区不但具有丰富的南亚热带成分，而且具有较多的热带和温带成分，是热带、亚热带、温带成分交汇处之一，充分反映了特殊地带所具有的过渡性的城市特点。

三、人文环境

梅州素有文化之乡、华侨之乡和足球之乡的“三乡”美誉。客家人始自中原，自秦汉以来，几经战乱，辗转迁移，定居岭南。梅州是客家人分布最集中之地，是客家文化的中心。

客家人一向重视文化教育，据说远在宋代，客家人的教育事业就很发达，“弦诵之声，达于里巷”。客家山歌是梅州文化的一个重要组成部分，是用来传达客家男女情爱、劳动之乐。广东汉剧是客家文化结合广东文化的产物，在梅州地区较为流行。梅州文化是典型的客家文化，在区内有很多古朴的客家民居，包括围龙屋、走马楼、五凤楼、土围楼、四角楼等，其中以围龙屋最有特色和最为著名。而当地的特产也以客家文化为特色，包括金柚、盐焗鸡、客家娘酒、酿豆腐等。

黄遵宪故居

梅州名人辈出，是叶剑英元帅的故乡。清乾嘉年间的岭南才子宋湘，清末外交家、教育家黄遵宪，抗日志士、杰出诗人、教育家丘逢甲，著名的洋务运动家、军事家丁日昌，著名爱国侨领张弼士和现代亚洲球王李惠堂等都是梅州人。

依托客家文化资源优势和生态、温泉资源优势，梅州以“塑造世界客家之都，打造客家文化精品、热泉康体休闲特品和山水休闲度假名品”（简称“一都三品”）为旅游发展定位，形成了以雁南飞茶田度假村和雁鸣湖旅游度假村为代表的客家文化与山水休闲度假旅游品牌，以及以五华汤湖热矿泥浴山庄和丰顺千江温泉酒店为代表的热泉康体休闲旅游品牌。同时，梅州市以“创优”为契机，努力强化城市的现代旅游功能，提升城市品位，建成了“一江两岸”亮点工程、两个表演场所（白天和晚上为游客表演的场所）、三个中心（国际会议中心、展览中心和游客咨询服务中心）、四条街（鸿都美食一条街、凌风路客家风情购物一条街、文化路步行街、梅江大道霓虹灯一条街），改造新建一批城区旅游厕所，街道实现了“五化”（绿化、净化、美化、亮化、硬底化），使梅州城市功能变得更加完善，交通更加便利，环境更加和谐，空气更加清新，就业更加容易，创业更加适宜，塑造了一个“山水城相依，人与自然和谐统一”的旅游城市形象。

客家围龙屋

第三节 梅江古树资源与分布

一、调查研究的范围

全区辖管总面积为447 600亩。为查清区域内的古树名木资源，调查人员先后深入长沙镇、城北镇及城区所辖区域内的主要寺庙、林区、村庄、老屋等进行全面的实地调查。外业调查工作于2009年5月1日开始，至2009年6月30日基本结束，调查面积为447 600亩，路线行程计200余公里。

调查人员根据调查所获的基本资料，进行了资料整理，并查询考证了历史文献等。

二、调查方法

1. 古树名木立地条件的调查

按古树生长的地点，用海拔仪测定其生长地域的海拔，以袖珍罗盘仪测量古树生长地点的坡向和坡度，记载土壤性质和周围环境的自然植物情况。

2. 古树生长情况的调查

树高：采用视距测高器测量树干高度读数。

树围径：在1.3米高树干处，测其围径读数。

树冠幅：采用米尺按树冠投影到地面的东西、南北走向测其冠幅读数。

树龄：采取实际考察研究和采访群众、查阅历史资料等方法，按照多方面的依据来鉴定古树的年龄。

三、调查结果

（1）古树名木的种类及数量。

初步调查数据显示，梅江区共有古树名木406株，54种，隶属29科48属（详见附录二“梅江古树调查统计表”）。

（2）古树名木的区域分布。

从梅江区各镇所含的古树名木数量的初步调查结果来看，长沙镇所含的数量最多，达 149 株；其次为城区及周边山地，有 136 株；城北镇有 121 株；3 个镇所含古树名木的总数为 406 株。

各镇区所含的古树名木种数，以城区所含的种数最多，达 40 种；其次为城北镇，达 23 种；最后为长沙镇，达 12 种。

古树群主要分布在长沙、城北的深山密林及人迹罕至的地方，以樟科、壳斗科、松科、金缕梅科、桃金娘科、山茶科、大风子科植物为主，大多为客家乡村的“风水林”。

长沙镇古树群主要有大密村十一社油湖里的阿丁枫 + 红锥林、大密村十三社刘禾畬的樟树 + 阿丁枫 + 枫树林、大密村十六社邓屋背的红锥 + 罗浮栲 + 阿丁枫林、上陈村溜湖顶的马尾松 + 木荷 + 罗浮栲林等。

城北镇的古树群主要有玉西村黄竹堂祖屋背的罗浮栲林、玉水村二社富板塘的枫香 + 红鳞蒲桃 + 罗浮栲 + 广东箣柊林、三村老虎坳下马尾松 + 枫香 + 石斑木林。

城区的古树群只在泮坑一队透水塘的一客家老屋处有发现，为马尾松 + 罗浮栲 + 红鳞蒲桃 + 石斑木林，十几棵植物伴生于占地近 500 平方米的小山坡上。

第四节　梅江古树特点与分析

一、古树名木的优势种类

从古树出现的频率与数量看，以樟科、桑科、壳斗科、金缕梅科、桃金娘科、山茶科、大风子科、松科为主，优势树种为细叶榕、红锥、白锥、阿丁枫、木荷、马尾松、秋枫等。

优势树种中，细叶榕、樟树以散生为主；而红锥、白锥、阿丁枫、木荷、马尾松则多群生，成为南亚热带季风常绿阔叶林或针阔混交林的建群树种；杉木则因多用作建房木料被群众砍伐，目前已难见古树。

二、古树名木的树龄分布

梅江区古树树龄分布表

地区 / 数量（株） / 树龄（年）	长沙镇	城北	城区	合计
100 ~ 199	148	119	125	392
200 ~ 299	1	2	8	11
≥300	0	0	3	3
合计	149	121	136	406

据调查分析，梅江区高龄古树稀少。现今统计的古树树龄大部分为 100 年左右，树龄在 300 ~ 499 年间的二级古树仅 3 株，分别为狮子浪口的榕树、“客天下”的梅花及三角镇宫前村长冈小学的榕树。而金丰村边的潮塘梅花，经专家估计，其树龄为 450 年，从其生长的环境结合建置超过千年的梅州古城历史来看，对其树龄的判断是可信的。

三、梅江区古树保护级别

古树的树龄为 100 年至 1 000 年不等，结构层次简单，其中树龄在 500 年以上的为一级古树；树龄在 300 ~ 499 年的为二级古树；树龄在 100 ~ 299 年的为三级古树。

梅江区古树数量统计表

地区 / 数量（株） / 级别	长沙镇	城北镇	城区	合计
三级	149	121	133	403
二级	0	0	1	1
一级	0	0	2	2
合计	149	121	136	406

注：表中城区一级、二级古树因年代久远难以考究其确切树龄，目前尚有争议。

四、梅江区古树乡土性分析

在已调查的54种树种中，南方特有的乡土树种有细叶榕、秋枫、樟树、桂花、罗浮栲、红锥等共33种，占古树总种数的61%，基本反映了梅江古树的南亚热带季风常绿阔叶林乡土特征。外引树种有木棉、白兰、桉树、腊肠树、米兰、海枣、假槟榔、猴子杉、柚木等，多数分布在清末民初建成的学校、宗教文化场所，反映了清末民初西方列强用枪炮打开封闭的封建王朝国门后中西方文化和自然科学的交流，外来植物和文化思潮一并带入梅州的情况。所引种植物多为热带植物，也反映了客都梅州的华侨大多来自东南亚一带。

五、梅江古树区系分析

细叶榕、樟树、桂花、罗浮栲、红锥、阿丁枫、木荷、藜蒴、马尾松、秋枫、龙眼树、橄榄树、广东箣柊、红鳞蒲桃、黑壳楠等古树的种群数量与分布特点，表明了本区植物区系有较强的亲热带性；梅花、银杏、朴树、枳椇、枫香等落叶植物的出现又表明了典型亚热带常绿阔叶林优势种的广泛分布。总的说来，梅江古树反映了南亚热带季风常绿阔叶林的植物区系特征，即地理起源成分多样、南北交汇、过渡性明显，与梅江的气候、地理环境表现是一致的。

六、梅江古树生长环境分析

城北镇和长沙镇的古树大多数分布于屋前屋后、深山沟里、村口溪边、“伯公”神位旁，生长的立地条件和环境保护尚可，能保存至今，与客家人的风水观和植物崇拜有明显的关系。但部分“伯公”神位旁的古树，香火过多，因焚烧烟纸而影响到植物的生长，应加强宣传、管理和保护。

城区的古树分布特点是：多数分布在清末民初建成的学校、宗教文化场所，如梅州学宫、东山中学（东山书院）、梅州农校（原嘉应大学）、梅州中学、乐育中学、联合中学（旧基督教堂）、广益中学（原广益女中）等。可见20世纪初年，新学兴起，人们注意引进特种植物栽种，而这些地方内在的环境变化较小，外来破坏也较小，为历经岁月沧桑的古树名木提供了一个稳定的生长环境。此外，原为城郊较早的居民点的城中村现今也零星分布着一些古树名木。

由于城市的建设和生态环境的变化，古树的生长条件不容乐观。部分古树立地条件不良，部分古树与建筑距离太近，特别是个别古树紧贴残旧民居，一旦民房倒塌，或拆除重建，都可能危及古树安全。

此外，对古树的必要保护设施设置不足。一些位于交通繁忙地带的古树，如锭子桥205国道侧的大榕树，没有设置足够安全的护栏，使古树面临安全隐患。

更严重的是，有居民在古树名木周围倾倒工业废料、有毒物质及各种污水、垃圾等污染物，使树体周围土壤的酸碱浓度、重金属离子大量增加，土壤理化性能恶化。

因此，梅江古树生长环境的改善仍需做更多的宣传、立法和保护工作。

第五节　梅江古树保护对策

古树名木是宝贵的历史遗产，具有不可估量的人文价值和科学价值。它不但对研究本地区的历史文化、环境变迁、植物分布有重要意义，而且是一种独特的、不可替代的风景资源。

梅州是国家历史文化名城，是客家人的主要聚居地，境内有大量的历史文化遗存、浓厚的历史文化和良好的自然环境，使生长在这里的树木历经百年风雨仍能存活下来。目前，相关管理部门已对城区内的古树进行统一登记、编号、造册，并挂牌或树立明显标志，有些还设置了保护措施予以识别和保护。

一、存在的问题

（一）自然生长影响

一些古树名木年代久远，特别是国家一、二级古树，大部分已超过成熟龄。随着树龄的增加，树体已老龄化，生理机能逐渐下降，光合作用效率低，呼吸和代谢缓慢，根系吸收水分、养分的能力越来越差，不能满足地下部分的需要，树木生理失去平衡，从而导致材质疏松，部分树枝逐渐枯萎死亡。

（二）自然因素影响

（1）雷电、火灾等原因。由雷电引起的火灾、雷击等造成树体烧伤、断枝、折干等，导致树木严重损伤，阴那山灵光寺前就有一株柏木三百多年前因为雷击而枯死。

（2）极端气候原因。古树名木历经千百年风霜岁月，屡受严寒酷暑、大涝大旱等恶劣气候的侵袭，以致皮开干裂、根裸枝残等，部分古树生长不良，甚至濒临死亡。

（3）野生动物及病虫害原因。许多树木的根、皮、叶、花、果是野生动物和各种昆虫的优质食物，许多兽类和虫鸟凿树为洞，以洞为巢，以树根、树皮、树叶及花果为食，日积月累，树体因受长年的虫蛀兽咬而残缺不全。病虫害的危害对原本就高龄体弱的古树造成了极大的损害。

（4）地下水位的升降原因。由于各种原因，树木周围的地下水位发生改变，使树木根系或长期浸于水中，导致根系腐烂；或长期干涸，导致枯萎。

（三）人为因素影响

（1）工程建设的影响。在如城区改造、修路、架桥、建水库等各类工程建设过程中因缺乏对古树名木的保护意识，没有采取积极的避让措施，导致古树名木被毁坏，或其生境遭到破坏等。

（2）人为活动引起的土壤板结。在城市、公园、名胜古迹等处，凡有古木之地，必是游人云集之所，游人频繁践踏于古树名木的周围导致土壤板结；或是为方便游览，在树体旁修筑硬化路面、铺装地砖等，仅留下很小的树池，致使树体周围土壤板结，严重影响土壤的气体交换、根系活动和正常生长。

（3）人为造成的直接损害。由于宣传不到位，部分农村群众还未养成爱惜古树名木的习惯，在大树上乱刻乱画、拴绳挂物、乱搭建筑物或堆放物品，有的甚至烟熏、火烤、剥皮、砍枝、撞击、移栽树体，使得许多古树名木生长在恶劣的环境中，树体受损，难以正常生长，观赏性也受到影响。

（4）近年来随着城市绿化步伐加快，大量古树名木被移植进城。但由于移栽和管理不善，以及生长环境的变化，导致不少移栽进城的古树名木死亡。还有部分古树科属不清，也没有任何标识，能否落实保护更是未知之数。

（5）保护古树名木的法规缺位，管理责任制度未落实。目前梅州对古树名木的保护管理及养护缺乏系统、具体的规定，且大部分古树名木隶属集体和农民个人所有，管理单位不固定、人员不落实、责任不明确，许多古树名木因此得不到应有的保护和管理。

二、古树名木保护对策

古树名木是重要的自然资源，也是历史和前人留给我们的宝贵财富，有很高的自然、人文和科学价值，具有不可再生性和公益性，被誉为“绿色化石”。保护古树名木对于保护森林资源和自然景观的整体性，延续森林历史和文化的完整性，开展林木的科学研究，促进旅游事业的发展及弘扬民族精神，增强人们绿化意识和环境意识，促进社会主义精神文明和物质文明建设都具有十分重要的意义。因此，我们提出如下建议：

（一）加强立法和宣传教育

古树名木的保护是一项社会性很强的工作，只有增强全民的保护意识，古树名木才能得到有效的保护。我们应把宣传作为保护古树名木工作的首要任务，充分利用大众媒体，召开座谈会，或举办咨询活动等，内容包括古树名木趣谈、保护常识等，大力宣传古树名木在科学、人文、地理及旅游等方面的重要作用。

重点保护的古树名木还可通过制作电视专题片来扩大宣传教育面，吸引人们关注古树名木。采取各种生动活泼的宣传形式，把经常性宣传和重点时期的宣传结合起来，把政策法规与典型案例、先进事迹、保护知识的宣传结合起来，重点宣传保护古树名木的重要意义和保护管理古树名木的政策、法律、法规，普及保护古树名木的知识，让保护古树名木家喻户晓、深入人心，不断提高广大干部群众对保护古树名木重要性的认识。同时，对为古树名木养护管理作出贡献者给予奖励，对破坏古树名木造成损失者也必须依法查究。

要充分利用大众媒体宣传古树保护的意义，切实提高干部和群众的保护意识，使保护古树成为人们的自觉行动。主要措施如下：

（1）利用传统媒体宣传。运用电视、广播、报纸等媒体进行宣传，如在这类媒体上开辟古树名木宣传专栏，内容包括古树名木趣谈、保护常识等。对古树名木保护的动态、破坏古树名木的行为等给予及时报道，引起全社会的关注，起到舆论监督作用。

（2）利用电子媒体宣传。信息高速公路的建立和电脑的普及，为古树名木保护的互联网宣传奠定了基础。可创建有关古树名木保护的网页，通过互联网传播古树保护的知识。

（3）现场展示宣传。可以通过在公园、广场等公共场所开展专题咨询、举办讲座等方式进行宣传，也可利用古树的围栏、铭牌进行宣传，还可利用民间组织开展宣传。

古树名木是活的文物，保护好古树名木，对于开展文化科学研究有重要的意义。古树名木保护规划要在现状调查分析的基础上，充分体现古树名木特有的历史价值、文化价值、科学价值及生态价值。要加强宣传教育，全面提高全社会保护古树的意识；加强立法工作，不断完善古树名木的保护条例；加大执法力度，使古树名木依法得到保护；要积极开展古树名木保护的基础工作及养护管理技术研究，制定古树名木管理养护的技术规程，建立科学、合理、系统的保护管理体系，使之与梅州历史文化名城的地位及生态城市建设目标相适应。

（二）加强对古树的科学研究

为了有效地保存现有古树，必须在现有调查研究的基础上，开展对古树的生理生态学及病虫害防治的研究，加强对古树的监测和保护工作，了解其濒危原因及灭绝规律。应对所有的古树名木进行彻底普查，进一步完善档案信息管理系统中有关古树名木的档案，并且每5年更新一次，在原有资料的基础上，委托专业队伍及专家进行查漏、纠错，其内容应包括品种、年龄、树高、胸径、冠幅、姿态、长势、病虫害、土壤立地条件、地点、保护单位、照片资料等，并要有每年生长情况的记录，真正做到“一树、一照、一卡”，由全市统一编号并建档、挂牌，注明树种、科属、树龄、保护级别、管理单位、责任人，完善古树名木档案的信息管理系统，实行计算机动态管理。

（三）采取措施，复壮枯残古树的树势

古树名木多因“年老”而衰，如果管理不善，极易因感染病虫和受外界不良环境条件的影响而死亡。对因立地条件较差、周围环境恶劣而树势衰弱但又有保护价值的，应在树干周围施肥，促进生长；对部分树干腐朽中空的，应采用防腐填实措施；对有病虫感染的，应立即采取措施加强病虫害防治；对雷击、倾斜、重心不稳的，应采取捆绑、固定和支撑措施；对路边易遭人为损坏的，则砌花坛、围铁栅栏加以保护。梅州市现今还没有专门机构管理古树名木，应尽快设立专门机构，配备管理人员，专职负责古树名木管理。

对古树名木的生长情况要进行细致的调查，确定保护的重点，对生势衰弱的古树名木，要分析原因，采取相应的养护复壮措施。白蚁是危害古树名木最严重的一种害虫，主管部门应充分重视，组织专业队伍进行防治。各管理单位要对辖区内古树的受害情况进行监测，发现问题立即处理，如封补树洞及树枝截面，设立统一的铭牌，采取建立支撑、引气根落地、适地施肥、对较高的古树加装避雷针等综合技术保护措施。

树冠边缘外3米范围内为保护范围，树干边缘5米范围内应设置保护措施。古树周围的违章建筑应予拆除，扩大绿地面积；若绿地面积无法达到标准水平，可在地面铺设透气材料；对于一些应立即拆除而又有实际困难的，需考虑采取补救措施。为顺利进行这一项工作，除了保证必要的经费外，园林绿化部门与相关的执法部门需紧密配合。

（四）大力培育后备资源

大树是古树名木的重要后备资源，现在的大树，就是将来的古树。因此在保护好现有古树名木的同时，还要大力培育后备资源。一是划定一部分树龄为50年以上，树种珍贵、稀有，或树形奇特、有科学价值和纪念价值的大树或树群作为后备资源，有意识地进行培育。如梅州市将树龄为80年的树木划入市三级古树加以保护。二是在古树名木资源贫乏的地方，选择在当地生长旺盛、寿命长、价值高的优良树木，培育成古树，并发动群众栽植长生树。三是大力开展造纪念林、植纪念树的活动，并从中选择一部分具有历史意义的纪念林、纪念树进行重点培育，扩大古树名木资源总量。

（五）理顺体制，建立科学合理的古树名木管理体制

建议建立如下管理体制：从城维费中拔出补贴专款—园林科具体负责监管落实—各管理单位负责管理。组建古树名木保护的专业队伍，进行必要的人员培训；在适当的时机组织专家对古树进行复查和核实，对在册而未确定学名的古树进行科学鉴定，对漏查未入册的古树名木进行核实登记，为报市政府颁令保护提供依据。

第二章　各　论

第一节　苏铁科（Cycadaceae）

苏　铁　*Cycas revoluta*

别名：铁树、凤尾蕉、凤尾松、避火蕉

剑英公园的百年苏铁

形态特征

苏铁科苏铁属常绿乔木，高可达 20 米。茎干圆柱状，不分枝，生长点破坏后能萌发出丛生的枝芽，呈多头状。茎部密被宿存的叶基和叶痕，并呈鳞片状。叶从茎顶部生出，羽状复叶，大型。小叶线形，边缘显著向下反卷，厚革质，坚硬，有光泽，先端锐尖，叶背密生锈色茸毛，基部小叶成刺状。雌雄异株，6 ~ 8 月开花，雄球花圆柱形，密被黄褐色茸毛；雌球花扁球形。种子 10 月成熟，卵形而稍扁，熟时红褐或橘红色。苏铁为世界上最古老的植物之一。

产地分布

原产于我国南部，在福建、台湾、广东各地均有分布，日本及菲律宾亦有分布。

生态习性

喜光，稍耐半阴。喜温暖，不甚耐寒，喜肥沃湿润微酸性土壤，也能耐干旱。

用　途

树形奇特，叶片苍翠，颇具热带风光的韵味，宜用多株与山石配置成景。

梅江古树

苏铁为外来植物，多为绿化树种，百年古树仅发现 1 株，位于剑英公园。

第二节　银杏科（Ginkgoaceae）

银　杏　*Ginkgo biloba*

别名：白果、公孙树、鸭脚树

形态特征

银杏科银杏属落叶大乔木，高可达40米，幼树树皮平滑，浅灰色，大树之皮灰褐色，不规则纵裂，有长枝与生长缓慢的短枝。叶互生，在长枝上辐射状散生，在短枝上3～5枚成簇生长，有细长的叶柄，扇形，两面淡绿色，叶宽5～8厘米，具多数叉状并列细脉。雌雄异株，稀同株，球花单生于短枝的叶腋；雄球花成葇荑花序状，雄蕊多数；雌球花有长梗，梗端常分两叉，叉端生1胚珠发育成种子。种子核果状，具长梗，下垂，椭圆形、长圆状倒卵形、卵圆形或近球形，长2.5～3.5厘米，直径1.5～2厘米；假种皮肉质，被白粉，成熟时淡黄色或橙黄色；真种皮骨质，白色，常具2（稀3）纵棱；内种皮膜质，淡红褐色。

古银杏翠绿的树叶

产地分布

银杏在中国、日本、朝鲜、加拿大、新西兰、美国、法国、俄罗斯等国家均有大量分布。银杏的自然地理分布范围很广，从水平自然分布状况看，以北纬30°附近的银杏东西分布的距离最长。

生态习性

银杏为阳性树，喜适当湿润而排水良好的深厚壤土，适于生长在水热条件比较优越的亚热带季风区。在酸性土、石灰性土中均可生长良好，而以中性或微酸土最适宜。不耐积水之地，较能耐旱，在过于干燥处及多石山坡或低湿之地生长不良。银杏寿命长，有3 000年以上的古树。初期生长较慢，萌蘖性强。雌株一般20年左右开始结实，500年生的大树仍能正常结实。一般3月下旬至4月上旬萌动展叶，4月上旬至中旬开花，9月下旬至10月上旬种子成熟，10月下旬至11月落叶。

金山潮塘村古银杏树的粗壮枝干

用途

银杏是中国特有而丰富的经济植物资源。外种皮可提栲胶。木材浅黄色，细致、轻软，供建筑、家具、雕刻及其他工艺品用。又为庭园树、行道树。种子含有氢氰酸、组氨酸、蛋白质等。种仁供食用，但多食易中毒，中医学上以种子和叶可以入药，性平，味苦涩，有微毒。

梅江古树

银杏为世界最古老的树种之一，梅江区现仅发现 1 株，树龄 150 年，雄株，在金丰村边潮塘，长势较好。

金丰村边潮塘古银杏树冬景

古银杏树夏景

第三节　松　科（Pinaceae）

马尾松　*Pinus massoniana*

别名：松树、枞树、青松

形态特征

松科松属常绿乔木，高可达45米，树冠在壮年期呈狭圆锥形，老年期则张开如伞状；干皮红褐色，呈不规则裂片；一年生小枝淡黄褐色，轮生；冬芽圆柱形，褐色叶2针1束，亦有3针1束。马尾松针叶又分长短，长的达30厘米，叫长叶马尾松；短的在10厘米以内，叫短叶马尾松。质软，叶缘有细锯齿；树脂脂道4~8道，边生。球果长卵形，长4~7厘米，径2.5~4厘米，有短柄，成熟时脱落而不宿存树上，栗褐色，种鳞的鳞背扁平，鳞脐不突起，无刺。种长4~5毫米，翅长1.5厘米。花期为4月；果次年10~12月成熟。

马尾松树干

产地分布

分布极广，北达河南及山东南部，南至两广、台湾，东自沿海，西至四川中部及贵州，遍布华中华南各地。一般在长江下游海拔600~700米以下，中游约1 200米以上，上游约1 500米以下均有分布，是我国南部主要材用树种。

生态习性

性喜光，适生于温暖湿润气候，在年平均气温 13℃ ~22℃、年降水量 800 毫米以上的地区生长良好。对土壤要求不严。耐干旱贫瘠，忌水涝、盐碱。深根性，主根明显，侧根发达，生长较快，寿命可达百年以上。

用　途

树势挺拔，苍劲雄伟，是营造风景园林的优良树种，也是我国南部地区荒山造林的重要树种。

梅江古树

梅江区古松树主要分布在城市周边山地和林缘线附近，部分在农村老屋后的“风水林”中，马尾松现在多用作商品林，百年古树已很少，现发现的古树仅 19 株。

城北镇三村老虎坳下的马尾松林

长沙镇上陈村的马尾松林

第四节　罗汉松科（Podocarpaceae）

罗汉松　***Podocarpus macrophyllus***

别名：土杉、罗汉杉

形态特征

罗汉松科罗汉松属乔木，树冠广卵形。叶条状披针形，先端尖，基部楔形，两面中肋隆起，表面暗绿色，背面灰绿色，有时被白粉，排列紧密，螺旋状互生。雌雄异株或偶有同株。种子卵形，有黑色假种皮，着生于肉质膨大的种托上，种托深红色，味甜可食。花期为 5 月，种熟期为 10 月。常见的栽培品种有狭叶罗汉松，叶较窄，先端渐窄成长尖形；柱冠罗汉松，叶小，先端钝或圆；小叶罗汉松，叶密集于小枝顶端，呈螺旋状着生，较狭窄，先端钝圆；短尖叶罗汉松，叶极短小；斑叶罗汉松，叶面有白色斑点。罗汉松为国家二类保护植物。

金山蓝塘村天字岌的罗汉松

产地分布

产于我国长江以南，各省均有栽培，日本也有分布。

生态习性

半阳性树种，半阴环境下生长良好。喜温暖湿润和肥沃沙质壤土，寿命长。

用　途

罗汉松树形古雅，种子与种柄组合奇特，惹人喜爱，南方寺庙、宅院多有种植。可门前对植、中庭孤植，或于墙垣一隅与假山、湖石相配。斑叶罗汉松可用于花台栽植，亦可布置花坛或盆栽陈于室内欣赏。小叶罗汉松还可作为庭院绿篱栽植。

梅江古树

梅江区的罗汉松古树主要分布在城区的古寺庙和清末民初时期建的学校，现发现的古树仅 1 株，位于金山蓝塘村天字岌，部分城郊苗木场亦有移植的百年罗汉松。

第五节　南洋杉科（Araucariaceae）

猴子杉　*Araucaria heterophylla*

别名：异叶南洋杉、细叶南洋杉、猴犯愁

形态特征

南洋杉科南洋杉属，可高达50米。树冠塔形，分枝呈水平状，侧枝下垂。叶有两形，幼树及侧枝上的叶为钻形，向上弯曲，长约12毫米，排列疏松，光绿色；大树及老枝上的叶卵形，排列紧密。球果近圆球形，长8～12厘米，苞鳞厚，先端具三角状上弯的尖头。

金山蓝塘村天字岌的猴子杉

产地分布

原产于大洋洲的诺福克岛以及澳大利亚东北部诸岛。南美洲、大洋洲及太平洋诸岛、巴西南部森林和智利的山区中也有分布。

生态习性

喜光，但又畏惧强烈的阳光。喜温暖湿润的气候，不耐寒冷和干旱，在我国长江流域及以北各地只能盆栽。适生温度为10℃～25℃，空气相对湿度宜在60%以上。喜疏松、肥沃、排水良好的偏酸性沙壤土。较耐风。生长迅速，再生能力强。

用途

姿态优美，适合用作孤植树。幼树盆栽是珍贵的观叶植物，应用广泛，可布置会场、展览厅室、室内花园，也可点缀家庭客厅、走廊、书房。在南方常作为优美的园景树。

梅江古树

猴子杉在梅江区比较少见，尤其是上百年历史的，现仅发现1株，位于金山蓝塘村天字岌。

第六节 柏 科（Cupressaceae）

柏 木 *Cupressus funebris*

别名：璎珞柏、垂柏

形态特征

柏科柏木属常绿乔木，树高可达30米；小枝细，下垂；叶鳞片状，交互对生，叶背中部有腺点；雌雄同株，球果翌年成熟；种子微扁，两侧具窄翅。

产地分布

主要分布在长江流域及以南地区中亚热带常绿、落叶阔叶林区，南亚热带常绿阔叶林区等，垂直分布范围主要为海拔300～1 000米的山地。

生态习性

金山蓝塘村天字岌的柏木和猴子杉

中性，喜温暖多雨气候及钙质土，耐干旱瘠薄，稍耐水湿，浅根性。垂直分布在400米以下的低山、丘陵及其四旁。适生年均温为13℃~19℃。多分布于山地及丘陵坡地的下部、坡麓。在由石灰岩、紫色沙岩和页岩等母质发育的土壤中，柏木能正常生长，但在土层深厚、肥沃、湿润的丘陵山地生长更迅速，成材更快。

用途

中国栽培柏木历史悠久，常见于庙宇陵园。木材为有脂材，材质优良，耐腐，可供建筑、车船和器具等用材。

园林绿化上可用于庭植观赏。柏木有香味可以入药，柏子可以安神补心。人们步入葱郁的柏林，望其九曲多姿的枝干，吸入那沁人心脾的幽香，联想到这些千年古木耐寒长青的品性，极易得到心灵上的净化。柏木色黄、质细、气馥、耐水、多节疤，故民间多用其做“柏木筲”。北京大堡台出土的古代王者墓葬内著名的“黄肠题凑”即为上千根柏木方整齐堆叠而成的围障。

梅江古树

柏木为常见园林绿化树种，梅江区上百年古柏木仅发现1株，位于金山蓝塘村内，生长状况一般。

侧　柏　*Platycladus orientalis*

别名：扁柏

形态特征

柏科侧柏属常绿乔木，树高一般达 20 米，干皮淡灰褐色，条片状纵裂。小枝排成平面。全部鳞叶，叶二形，中央叶倒卵状菱形，背面有腺槽，两侧叶船形，中央叶与两侧叶交互对生，雌雄同株异花。雌雄花均单生于枝顶，球果阔卵形，近熟时蓝绿色被白粉，种鳞木质，红褐色，种鳞 4 对，熟时张开，背部有一反曲尖头。种子脱出，卵形，灰褐色，无翅，有棱脊。幼树树冠卵状尖塔形，老时广圆形，叶、枝扁平，排成一平面，两面同形。花期为 3 ~ 4 月，种熟期为 9 ~ 10 月。

梅州市人民政府为古侧柏挂牌

产地分布

侧柏为中国特产种，华北地区有野生。除青海、新疆外，全国均有分布。人工栽培遍及全国。

生态习性

喜光，幼时稍耐阴，适应性强，对土壤要求不严，在酸性、中性、石灰性和轻盐碱土壤中均可生长。耐干旱瘠薄，萌芽能力强，耐寒力中等，抗盐碱，喜生于湿润、肥沃、排水良好的钙质土壤，在平地或悬崖峭壁上都能生长；在干燥、贫瘠的山地上生长缓慢，植株细弱。浅根性，但侧根发达，萌芽性强，耐修剪，寿命长，抗烟尘，抗二氧化硫、氯化氢等有害气体，分布广，为中国应用最普遍的观赏树木之一。

用途

侧柏是优良的常绿观赏树种。古代在坛庙中成片栽植以营造庄严肃穆的环境，现代亦常片植或者利用其萌芽力强、耐修剪的特性栽种，也可以孤植造型，点缀环境。

梅江古树

侧柏是梅江区常见的园林绿化树种，但多数是20世纪50年代后种植的，上百年历史的老树比较罕见。调查中仅发现两株侧柏生长于清末民初时期建设的学校内。

银营村银营小学内的两株侧柏

侧柏苍老的树干

第七节　木兰科（Magnoliaceae）

白　兰　*Michelia alba*

别名：白缅花、白兰花、缅桂花

形态特征

木兰科含笑属常绿乔木，高可达15米。树皮灰色光滑，嫩枝及芽密被淡黄白色微柔毛，毛渐脱落，叶薄革质，长椭圆形，或披针状椭圆形，长10～25厘米，宽4～9厘米，叶色鲜绿，腹面无毛或者近无毛，背面沿叶脉上疏生微柔毛，花白色，极香。通常不结实。

白兰茂密的枝叶

产地分布

原产于亚洲和北美洲的温带及热带，在南方是园林中的骨干树种。

生态习性

喜光照充足、暖热湿润和通风良好的环境。不耐寒，不耐阴，也怕高温和强光，宜排水良好、疏松、肥沃的微酸性土壤，最忌烟气、台风和积水。在华南地区适温条件下常年开放不绝，树姿优美，叶片青翠碧绿，花朵洁白，香如幽兰。

用　途

花含有芳樟醇、苯乙醇、甲基丁香酚等成分，可供制作熏茶、酿酒或提炼香精用。白兰香型的香水、润肤霜、雪花膏都常以白兰花为配料。也可盆栽，采摘鲜花用于簪佩装饰。

梅江古树

白兰是梅江区常见的园林绿化树种，上百年古树比较少见，因其花具有芳香气味，多用作行道树或庭院孤植树，校园、医院等公共场所也有广泛应用。现发现的古树有 5 株，分布在梅江区各镇。

乐育中学的古白兰

华侨中学的白兰

梅州中学的白兰

夜合花 *Magnolia coco*

别名：夜香木兰、木莲

形态特征

木兰科木兰属常绿灌木，高1～2米。叶互生，狭椭圆形或倒卵状椭圆形，长7～14厘米，宽2～4.5厘米，革质，深绿亮泽。花下垂，单生于枝顶，白色，直径3～4厘米，花被片9枚，有浓香，夜间尤甚；夏至秋季为开花期。聚合果，蓇葖近木质。

夜合花全株

产地分布

分布于我国南部及越南，在我国华南园林绿化中常有种植，东南亚各地广泛种植。

生态习性

耐阴，好肥。喜生长在温暖湿润和半阴半阳的环境中。宜排水良好、肥沃、微酸性的沙质土壤，忌石灰质土壤。花朵开放时间短，每朵仅开1～2天，往往清晨开放，晚上闭合，故名夜合花。香味幽馨，入夜更烈。开花期适温为22℃～25℃，低于20℃开花延缓。

黄遵宪故居人境庐的夜合花

用　途

夜合花在南方地区，可在园林和庭院露地栽种，在大多地区宜盆栽。花可提取香精和窨茶。

梅江古树

梅江区人境庐内的两株夜合花为我国清代诗人、外交家黄遵宪所栽植，是为古树名木，原树主干枯萎，经后人育其根苗再生长起来，距今也已有几十年，枝叶翠绿，香花盛开。

夜合花枝叶

夜合花的花

黄遵宪故居夜合花的由来

梅州市人民政府为夜合花挂牌

第八节　樟　科（Lauraceae）

樟　树　*Cinnamomum camphora*

别名：香樟、木樟、乌樟、芳樟、番樟、香蕊、樟木子

形态特征

梅州高级中学内的百年老樟树

樟科樟属常绿乔木，高可达50米。树皮幼时绿色，平滑；老时渐变为黄褐色或灰褐色纵裂。冬芽卵圆形。叶薄革质，卵形或椭圆状卵形，长5～10厘米，宽3.5～5.5厘米，顶端短尖或近尾尖，基部圆形，离基3出脉，近叶基的第一对或第二对侧脉长而显著，背面微被白粉，脉腋有腺点。花黄绿色，圆锥花序腋出，又小又多。球形的小果实成熟后为黑紫色；花期为4～5月，果期为10～11月。灰褐色的树皮有细致的深沟纵裂纹。樟树全株具有樟脑般的清香，可驱虫，而且永远不会消失。据说因为樟树木材上有许多纹路，像是大有文章的意思，所以就在“章”字旁加一个木字作为树名。

产地分布

主要分布于湖南、湖北、江西、四川等南方地区。

生态习性

樟树喜光，稍耐阴；喜温暖湿润气候，耐寒性不强，对土壤要求不严，较耐水湿，但不耐干旱、瘠薄和盐碱土；主根发达，深根性，能抗风；萌芽力强，耐修剪；生长速度中等，树形巨大如伞，能遮阴避凉；存活期长，可以生长为成百上千年的参天古木，有很强的吸烟滞尘、涵养水源、固土防沙和美化环境的能力；抗有毒气体能力强，较能适应城市环境。

用途

樟树的木材耐腐、防虫、致密、有香气，是家具、雕刻的良材；可以用来提炼樟脑，樟脑具有强心解热、杀虫之效。该树种枝叶茂密，树姿雄伟，能吸烟滞尘、涵养水源、固土防沙和美化环境，是城市绿化的优良树种，广泛作为庭荫树、行道树、防护林及风景林，或配植于池畔、水边、山坡等。可在草地中丛植、群植、孤植或作为背景树。

樟树的大型树冠

梅江古树

梅江区许多村庄附近的“风水林”、城区内清末民初时期建的学校都有上百年的古樟树，现发现的古树共有 8 株。

梅州高级中学的古香樟

五洲城车站的古香樟

百年老樟树的石碑

樟树枝叶茂密葱郁

潺槁树 *Litsea glutinosa*

别名：青胶木、树仲、油槁树、胶樟、青野槁、潺槁木

形态特征

樟科木姜子属常绿阔叶乔木，高可达15米，常见于疏林、灌木丛及海边地带。潺槁树树皮光滑，呈灰色。叶互生，椭圆形，革质，叶面深绿色，有光泽，叶背淡绿色，叶长6.5～10厘米，边全缘。初夏时花繁满树，花细小，腋生，淡黄色；果实为球形浆果，成熟时为深褐色至黑色，直径7毫米。

潺槁树树叶

产地分布

在我国主要分布于云南、广西、广东、福建等省，印度、缅甸、菲律宾等地也有分布。

生态习性

喜光，喜温暖至高温湿润气候，耐干旱，耐瘠薄，不耐寒，对土壤要求不严。

用途

以根、皮、叶入药。夏秋采收，根洗净切片晒干；叶、皮多鲜用，可清湿热、消肿毒、止血、止痛。分枝茂密，树姿优美，为良好的园林风景树和绿化树。

嘉应桥头公园的潺槁树

梅江古树

潺槁树在梅江区各地都有分布，上百年的比较罕见。现仅发现5株，嘉应桥头公园内有2株，玉水村四社上水坑有3株，均长势良好。

豺皮樟 *Litsea rotundifolia*

别名：大灰木、白柴、香叶子、山樟

形态特征

豺皮樟翠绿的树叶

樟科木姜子属常绿灌木或小乔木，高可达5米。树皮灰褐色。叶互生；叶柄长4～6.8厘米，密被褐色长柔毛；叶片革质，倒卵状长圆形，长3～7厘米，宽1.5～3厘米，先端钝或短渐尖，上面有光泽，下面带苍白色，羽状脉，侧脉每边6～8条，中脉在下面明显凸起。花单性，雌雄异株；伞形花序腋生或节间生，总花梗及花梗不明显；花被片6，长约2厘米，有稀疏柔毛；雄蕊9，花药4室，均内向瓣裂。果实球形，直径约6毫米，近无柄，初时红色，熟时黑色。花期为8～9月，果期为9～11月。

产地分布

主要分布于广东、广西、江西、湖南、贵州等省。

生态习性

生于海拔800米以下的灌木丛或疏林。

用途

种子含脂肪油，果叶含芳香油，可作为香料。根及树皮可入药，行气、活血、止痛，能祛风湿，主治胃痛、腹痛、痢疾、腹泻、痛经、风湿痹痛、跌打损伤。

豺皮樟枝叶茂盛

梅江古树

豺皮樟在梅江区分布较广，常能在林地和丘陵上找到该树种。该树比较粗生，幼树较多，老树很难发现。现仅发现1株，位于城北镇群益村桃李下桃沅墩口。

檫　木 *Sassafras tzumu*

别名：檫树、桐梓树、黄楸树

形态特征

泮坑一队透水塘的古檫木树干

樟科檫木属落叶乔木，高可达35米；树皮黄绿色有光泽，老后变成灰色，有纵裂。叶于枝端互生，卵形或倒卵形，长10～20厘米，宽5～12厘米，全缘或1～3浅裂，具羽状脉或3出脉。短圆锥花序顶生，先于叶发出；花两性，雌雄异株；花被片6，披针形，相等，长3.5毫米；能育雄蕊9，花药4室，均内向瓣裂，不育雄蕊3，与第三轮雄蕊互生；子房卵形，花柱长。果近球形，直径约9毫米，蓝黑色而带有白蜡状粉末，生于杯状果托上；果梗长，上端渐增粗，果托和果梗为红色。

产地分布

主要分布于长江以南地区，亚热带落叶、常绿阔叶混交林区，以及南亚热带常绿阔叶林区。

生态习性

喜光，喜温暖湿润气候及深厚、肥沃、排水良好的酸性土壤，不耐旱，忌水湿，深根性，生长快。

用　途

檫木春开黄花，且先于叶开放，叶形奇特，秋季变红，花、叶均具有较高的观赏价值，可用于庭院、公园栽植或用作行道树，也可用于山区造林绿化。

洋坑一队透水塘的古檫木

梅江古树

梅江区的檫木多分布于山地和林缘线上，多数树龄只有30年左右，上百年的比较少见，现仅发现1株上百年的古檫木，位于洋坑一队透水塘。

黑壳楠 *Lindera megaphylla*

别名：楠木

形态特征

樟科胡椒属常绿乔木，高可达 25 米。树皮灰黑色。小枝较粗，无毛。叶片倒卵状披针形或倒卵状长椭圆形，长 10 ~ 23 厘米，羽状脉，叶背面灰白色，基部楔形，先端尖或渐尖。伞形花序常对生于叶脉，花裂片椭圆形。花期为 3 ~ 4 月，果期为 9 ~ 10 月。

黑壳楠树叶

产地分布

产于中国陕西、甘肃、四川、云南、贵州、湖北等地。

生态习性

生于阴湿常绿阔叶林，山坡和谷地中也有栽培。抗寒能力强，较耐旱。苗期喜阴，生长较快。

用途

既属园林观赏树种，又是极好的用材林树种，种子可榨油。黑壳楠的根、树皮或枝可入药。

梅江古树

梅江区的黑壳楠多见于海拔 300 米左右的山地上，上百年的古树较为少见，现仅发现 3 株，位于城北干才村仙审屋门口，长势旺盛。

城北干才村仙审屋门口的黑壳楠

城北干才村 3 株百年黑壳楠

第九节　大风子科（Flacourtiaceae）

广东箣柊　*Scolopia saeva*

别名：凿子树

形态特征

大风子科箣柊属乔木，高4～8米；有时树干或大枝有分枝的刺。叶椭圆形至矩圆状披针形，长5～7厘米，宽2～3.5厘米，近3出脉，侧脉4～6对；叶柄长约1厘米。总状花序顶生或腋生，长3～7厘米；花直径4毫米，萼片5，长1.2毫米，花瓣与萼片相似；雄蕊多数；花盘由10个肉质离生的腺体组成，位于雄蕊外围。浆果红色，椭圆形，直径约6毫米，基部有宿存花被，顶端有宿存花柱。

广东箣柊树叶

产地分布

主要分布于福建、广东。生于较干燥的平地或山坡杂林中。

生态习性

幼树耐阴，大树喜光。可进行天然更新，也可用种子育苗造林。

用途

木材坚重，耐腐，切面光滑美观，可作为造船、体育器材、工艺品等用材；亦可供庭院观赏。

梅江古树

本树种在梅江区较为少见，其生长缓慢，很难发现大树，本区共发现3株。在城北玉水村二社富板塘的两株广东箣柊古树，地围达2.2米，树龄为百年以上，生长状况良好。

城北玉水村二社富板塘的百年广东箣柊

编者与护林员在百年古树下合影

第十节 金缕梅科（Hamamelidaceae）

枫 香 *Liquidambar formosana*

别名：路路通、枫树

形态特征

枫香

金缕梅科枫香属落叶乔木，高可达40米，胸径1.5米；树冠阔卵形或略扁平。树皮灰色，浅纵裂，老时不规则深裂。叶常为掌状3裂（萌芽枝的叶常为5～7裂），长6～12厘米，基部心形或截形，裂片先端尖，缘有锯齿；幼叶有毛，后渐脱落。果序较大，径3～4厘米，宿存花柱长达1.5厘米；刺状萼片宿存。花期为3～4月，果10月成熟。花单性同株，雄花排成柔荑花序，无花瓣，雄蕊多数，顶生，雌花圆头状，悬于细长花梗上，生于雄花下叶腋处；子房半下位2室，头状果实有短刺，花柱宿存；孔隙在果面上散放小形种子，果实落地后常收集为中药，名“路路通”。

产地分布

分布于我国秦岭及淮河以南，北起河南，南至南海，西至四川、贵州、云南及西藏，东到台湾。一般分布在海拔1 500米以下丘陵及平原。越南、老挝及朝鲜半岛亦有分布。

生态习性

性喜光，幼树稍耐阴，喜温暖湿润气候，耐干旱瘠薄土壤，不耐水涝。

在湿润、肥沃而深厚的红黄壤土生长良好，在自然界中多生于山谷，常与山毛榉、榆科及樟科树种混生；幼年生长较慢，壮年后生长加快，深根性，主根粗长，抗风力强，不耐移植及修剪。对二氧化硫、氯气有较强的抗性。

金山办—金丰村观音庵的两株百年枫香

用途

可在园林中作为庭荫树，亦可于草地孤植、丛植，或于山坡、池畔与其他树木混植。但因不易修剪及移植，故一般不宜用作行道树。

梅江古树

梅江区各地山野间常见有枫香树种分布，该树种为梅州市乡土树种，因为气候及生长环境等因素的影响，梅州的枫香在秋冬季叶子转为红色或黄色。现发现的古树数目较多，共有25 株。

城北三村老虎坳下的古枫香，其枝叶交错生长

城北银营村十社高排下的枫香

阿丁枫 *Altingia chinensis*

别名：蕈树

形态特征

金缕梅科蕈树属乔木，高可达20米；除花序外全部均无毛。枝叶树皮有香气。叶革质，狭倒卵形，长5～12厘米，宽3～5.5厘米，顶端尖锐或稍钝，基部楔形，侧脉6～8对，边缘有浅锯齿；叶柄长8～13毫米。花单性，雌雄同株；雄花排列成葇荑花序，无花被，雄蕊多数，花丝极短；雌花约15朵排列成头状花序，萼齿不明显，花瓣不存，子房近下位，2室，内有胚珠多数，花柱2，长3～4毫米，顶端卷曲。头状果序圆球形，直径1.7～2.5厘米；蒴果室背裂开，无宿存花柱；种子多数，黄褐色，有光泽。

长沙大密村的阿丁枫林

高大的古阿丁枫

产地分布

主要分布于广东、广西、贵州、湖南、福建、浙江等省，生于山地常绿阔叶林中。

生态习性

喜温暖湿润气候，较喜光，幼树耐阴，长大后需光性增强。人工林在土壤较肥沃湿润、pH 值 4. 5 ~6. 5 的立地条件下生长良好。

用　途

本树种是组成粤北中亚热带典型常绿阔叶林和粤中南亚热带季风常绿阔叶林的重要树种之一，生长快，用途广，为重要用材树种，也是营造亚热带生态公益林的主要树种，又是培养香菇的最好木材之一。

梅江古树

阿丁枫是梅州市的乡土树种，在梅江区分布广泛，在村落的老屋后和村前多为“风水林”，尤以长沙镇的上百年古树最多，现在共发现百年以上的老树有 59 株。

第十一节　榆　科（Ulmaceae）

朴　树　*Celtis sinensis*

别名：黄果树、青朴

形态特征

榆科朴属落叶乔木，高可达 20 米，树皮灰褐色，粗糙而不开裂，枝条平展。叶质较厚，阔卵形或圆形，中上部边缘有锯齿；3 出脉，侧脉在 6 对以下，不直达叶缘，叶面无毛，叶脉沿背疏生短柔毛。叶柄长约 1 厘米。花杂性同株；雄花簇生于当年生枝下部叶腋；雌花单生于枝上部叶腋，1 ~3 朵聚生。花期为4月，果熟期为10月。核果近球形，单生叶腋，直径4～5毫米；果柄等长或稍长于叶柄；熟时橙红色，核果表面有凹点及棱背。

广益中学的百年朴树

产地分布

多生于平原耐阴处；分布于淮河流域、秦岭以南至华南各省区；散生于平原及低山区，村落附近常见。

生态习性

喜光也耐阴。喜肥沃湿润疏松的土壤，耐干旱瘠薄，耐轻度盐碱，耐水湿。适应性强，深根性，萌芽力强，抗风。耐烟尘，抗污染。生长较快，寿命长。

用　途

茎皮为造纸和人造棉原料；果实可榨油做润滑油；对二氧化硫、氯气等有毒气体的抗性强。木材坚硬，可供工业用材；茎皮纤维强韧，可做绳索和人造纤维；根、皮、嫩叶入药有消肿止痛、解毒治热的功效，外敷可治水火烫伤；叶制土农药，可杀红蜘蛛。

枝叶茂密的朴树

梅江古树

朴树在梅江区普遍分布，常见于村边、路旁，百年古树有 4 株。

爬满爬山虎的树干

广益中学的朴树

第十二节　桑　科（Moraceae）

榕　树　*Ficus microcarpa*

别名：细叶榕

形态特征

桑科榕属常绿乔木，枝具下垂状气生根。叶椭圆至倒卵形，长 4 ~ 10 厘米，先端钝尖，基部楔形，全缘或浅波状，羽状脉，侧脉 5 ~ 6 对，革质，无毛。隐花果腋生，近扁球形，熟时淡红色。花期为 5 ~ 12 月。

榕树拥有广阔而浓密的树冠，更有无数纤细成流苏状的气根从枝条垂下；当气根到达泥土表面，便会形成新树干，支撑整棵树浓密的枝叶。

文化公园的老榕树

学宫的古榕树

产地分布

榕树在我国南方各省分布广泛。此外，印度、缅甸、越南、菲律宾等地也有分布。

生态习性

热带树种，生长快。耐热，怕旱，耐湿，耐瘠，耐阴，耐风，抗污染，耐剪，易移植，寿命长。

用途

树性强健，绿荫蔽天，为低维护性高级庭荫树、行道树、园景树、防火树、防风树、绿篱树。

梅江古树

古榕树在梅江区有很多，客家民居村前村后往往栽植风水树，客家人认为高大的树木有“灵魂”，把它当“神树”加以崇拜，通常在榕树的树头置“伯公”神坛，供村民祭祀，这给榕树蒙上了神秘色彩。

现发现的古榕树共有32株，分布在梅江区各镇。

江南团结路古榕树位于庙旁，被称为风水树

城北镇群益村桃下桃沅墩口的细叶榕

城北干才村仙审将军排的百年榕树

城北扎下村十三社山子下的百年老榕

城北岭上村刘屋伯公亭的古榕树

城北扎上村一社汀龙坑的古榕树

三角镇宫前村长冈小学的细叶榕

城北镇玉水村四社上水坑的细叶榕

城北玉水村一社菱角塘的细叶榕

粗壮的树干，茂盛的枝叶

菩提榕 *Ficus religiosa*

别名：菩提树、思维树

形态特征

桑科榕属常绿乔木，高可达25米。树皮灰色，分枝广展，树冠大。叶三角状卵形或者心脏形，长9～17厘米，宽8～12厘米，深绿色，革质，有光泽，边缘为波状，基生3出脉，先端骤狭而成一长尾尖，约等于叶长的三分之一。雌雄同株，果实球形或扁球形，径1～1.5厘米，成熟时红色。花期为3～4月，果期为5～6月。

菩提榕的树叶

产地分布

原产于印度，喜马拉雅山区有野生。自唐代随佛教传入我国，广东、广西、云南有种植。

生态习性

喜阳，喜温暖气候，幼时怕冷，生长较快，但根浅，易倒伏。

用　途

“菩提”是佛教名词，是梵文Bodhi的译音，意为“觉悟”。菩提树原名毕钵罗树，传说佛教始祖释迦牟尼在29岁时离别双亲、妻儿，出家修佛，经过7年冥思苦想，最终在一株毕钵罗树下“大彻大悟”而成“佛”。因此，毕钵罗树改叫菩提树，被佛家尊为神圣的树木，与娑罗树、阎浮树一起被称为“佛门三宝树”。

树形优美，是庭院风景树，古院常种植，公园、庭院多用作孤植树。

梅江古树

菩提榕在梅江区分布较为广泛，一般为孤植树种，常见于公园、学校、医院等公共场所，但上百年古树仅有3株。

金山蓝塘村天字岌的菩提榕

华侨中学的菩提榕

白桂木 *Artocarpus hypargyreus*

别名：胭脂木、红桂木、将军树、狗卵果

形态特征

桑科菠萝蜜属常绿乔木，高约10米，有乳汁。幼枝和叶柄有锈色柔毛。叶革质，长7～15厘米，宽5～8厘米，全缘或具波状齿，托叶早落。花单性，雌雄同株，与盾形苞片混生于花序托上。雄花序长1.2～1.6厘米；花被片2～3，雄蕊1；雌花序较小，花被管状。聚花果球形，直径约1.5厘米。

产地分布

主要分布于广东、广西、海南、云南等省。为渐危种，现被列为国家三级保护植物。

枝叶茂盛的白桂木

生态习性

本种喜光、喜湿，多生于土层深厚肥沃的村边疏林、中低海拔丘陵或山谷的疏林中，分布面虽广，但总资源量并不大，须加强保护。

用途

果味酸甜，可食用；木材坚硬，纹理通直，可供建筑、家具及器具等用；根可入药，活血通络；树形优美，枝叶繁茂，适应性强，可用作园林绿化的基调树种。

梅江古树

白桂木在梅江区比较罕见，现仅发现两株。一株在城北镇群益村桃李下桃沅墩口，另一株在泮坑田子庵前，为国家三级保护植物。

据当地村民反映，村民历次从白桂木上取种栽植，但均未成功。

洋坑田子庵的百年白桂木树干

洋坑镇田子庵的百年白桂木

第十三节　壳斗科（Fagaceae）

罗浮栲　*Castanopsis fabri hance*

别名：白椽、白锥

形态特征

壳斗科栲属乔木，高可达30米，树皮暗灰色。小枝无毛或几无毛，叶革质，卵状至窄椭圆状披针形，长9~17厘米，宽3~5厘米，顶端长渐尖或尾尖，基部楔形或近圆形，略偏斜，顶部有 1 ~ 5 对疏锯齿或全缘，背面被黄棕色鳞秕，干后变为淡棕色，叶面中脉下凹，侧脉 10 ~ 14 对；叶柄长 1 ~ 2 厘米。雄花序穗状；每一总苞内有3 朵雌花。果序长 10 ~ 20 厘米。总苞近球形，连刺直径 2 ~ 2.5 厘米，不规则瓣裂；苞片针刺形，长 0.5 ~ 1 厘米。坚果 1 ~ 3 个，有时 2 个发育不全，圆锥形，一侧扁平，直径 1 ~ 1.2 厘米，无毛，果脐近三角形，与坚果基部几等大。花期为 4 ~ 5 月，果熟期为 10 ~ 12 月。

罗浮栲树叶

产地分布

贵州、广西、广东、湖南、福建、江西、安徽、浙江等省区均有分布。

屋后的古树群

生态习性

一般生于海拔 200 ~ 500 米的山地湿润森林中，是偏热性的树种，一般林地土壤为山地红壤，土层较厚。

用　途

材料供建筑、家具、胶合板等用。

梅江古树

罗浮栲是热带、亚热带最常见的树种，该树种在梅江区的分布较广，而且数目多，大多数生长于山地、林间、村前和老屋后，有的成群生长，如城北玉西村黄竹堂祖屋背就有 35 株百年罗浮栲，形成一个古树群。

城北黄竹堂祖屋背后的罗浮栲群

长沙大密村的罗浮栲林

红　锥　*Castanopsis hystrix*

别名：栲树、红栲、红锥栗、刺锥栗、赤椽

形态特征

壳斗科栲属乔木，高可达30米，树皮暗褐色。幼枝被暗黄色短茸毛和黄色鳞秕，二年生枝几无毛，有稀疏皮孔。叶宽披针形或窄卵形，长6～15厘米，宽2～3厘米，顶端渐尖，基部宽楔形或近圆形，全缘或顶端有细钝齿，背面密被红褐色鳞秕和短柔毛。老时变为浅黄色，侧脉6～12对；叶柄长5～

8 毫米，幼时被毛。雄花序穗状，轴有暗黄色短柔毛；每一总苞内有雌花 1 朵。果序长 4 ~ 12 厘米。总苞近球形，被疏毛，连刺直径 2.5 ~ 4 厘米；苞片针刺形，密生，通常基部合生成刺轴。总苞内有 1 个坚果，宽卵形，径约 1 厘米。花期为 3 ~ 5 月，果熟期为 9 ~ 11 月。

红锥树叶

产地分布

贵州、广西、广东、湖南、福建、台湾等地均有分布。些外，印度、老挝、越南亦有分布。

生态习性

常生于海拔 300 ~ 600 米湿润山谷的疏林或密林中。幼龄较耐阴，林中幼苗与各级高度的幼树较普遍。在土层深厚、疏松、较肥湿的酸性土壤上生长良好。

用　途

具有成材早、材质优、适应性强、效益高等优良特性，是华南地区重要的乡土用材及高效多用途树种，其种质资源极具开发价值。

红锥在华南的山地常绿阔叶林中分布十分普遍，通常为森林中的优势种或建群种。该树在梅江区的分布较多，但上百年老树较少。现发现的老树共有 19 株，均分布在山地、林间，城区较少见。

长沙镇上陈村溜湖顶的红锥

红锥古树老干虬枝

客家围屋的红锥“风水林”

黧蒴 *Castanopsis fissa*

别名：大叶锥、闽粤栲、牛包衣

形态特征

壳斗科栲属常绿乔木，树高可达25米。树皮褐色，浅纵裂，幼时近平滑，老则粗糙。幼枝被疏柔毛。叶互生，革质，椭圆形到倒披针状长椭圆形，长17～25厘米，宽5～9厘米，先端钝尖，基部楔形，边缘有波状齿或钝锯齿，无毛，叶柄长1.5～2.5厘米。壳斗全苞坚果，卵形至椭圆形，长1.5～2.2厘米。花期为4～5月，果熟期为11～12月。

黧蒴群的生长条件温暖湿润

产地分布

主要分布于广东、海南、广西、福建、湘南、赣南等海拔800米以下丘陵山地的常绿阔叶林内。

生态习性

喜光，但幼龄时耐阴，对立地要求不严，较耐干旱瘠薄。为深根性树种，萌芽力强，可萌芽更新，也可于林冠下更新。速生，在中等立地条件下，树高年生长可达1米，胸径年生长1厘米以上。初期生长快，树高、胸径生长10年左右达到高峰。

用　途

黧蒴是一种分布广、种源丰富的优良乡土树种，是广东次生常绿阔叶林主要组成树种之一。

适应性强，容易繁殖，萌芽力强。其木材纹理直，材质稍轻软，色白，心材不明显，易加工，干形直，出材率高，是经营小杆材、板料等通用材树种。

梅江古树

藜蒴是梅州分布广、种源丰富的优良乡土树种，但多为造林树，藜蒴古树主要生在长沙大密村一藜蒴植物群落内。

古藜蒴枝叶茂盛，花朵开得十分灿烂

长沙大密村的古藜蒴群

油　栗 *Castanea mollissima*

别名：板栗

形态特征

壳斗科栗属经济果树，落叶乔木。各种栗树都结可以食用的坚果，单叶，椭圆或长椭圆状，长 10 ~ 30 厘米，宽 4 ~ 10 厘米，边缘有刺毛状齿。雌雄同株，雄花为直立葇荑花序，雌花单独或数朵生于总苞内。坚果包藏在密生尖刺的总苞内，总苞直径为 5 ~ 11 厘米，一个总苞内有 1 ~ 7 个坚果。

油栗的树叶

产地分布

本属植物分布于北半球的亚洲、欧洲、美洲和非洲。其中主要栽培种还有欧洲栗和日本栗。

生态习性

喜光，光照不足可引起枝条枯死或不结果。对土壤要求不严，喜肥沃温润、排水良好的沙质壤土，对有害气体抗性强。忌积水，忌土壤黏重。深根性，根系发达，萌芽力强，耐修剪，虫害较多。寿命可长达 300 年。

城北玉水村二社下角屋的老油栗树

用途

油栗全身是宝，可以加工制作栗干、栗粉、栗酱、栗浆、糕点、罐头等食品，栗子羹更是老幼皆宜、营养丰富的食物。油栗树材质坚硬、纹理通直、防腐耐湿，是制造军工、车船、家具等的良好材料；枝叶、树皮、刺苞富含单宁，可提取栲胶；花是很好的蜜源。油栗各部分均可入药，果实能健脾益气、消除湿热，树皮可煎汤洗丹毒，根可治偏肾气等症。

梅江古树

梅江区的油栗数量较多，上百年古树较为少见，现仅发现 5 株，主要位于山地、林地中，为栽培果树。

城北玉水村二社下角屋的老油栗树需三人围抱

粗壮的油栗树干

第十四节　山茶科（Theaceae）

木　荷　*Schima superba*

别名：荷树、荷木

形态特征

山茶科木荷属乔木，高可达30米，胸径1米，树皮灰褐色，块状纵裂，叶革质，卵状椭圆形或矩圆形，先端渐尖或短尖，基部楔形，无毛。新叶初发，老叶入秋均呈红色，艳丽可爱。5～7月开肥大白色或淡红色而芳香之花，腋生于枝的上端，蒴果近球形，9～11月成熟，种子扁平、肾形，边缘具翅。

木荷树叶

产地分布

主要分布于安徽、浙江、福建、江西、湖南、广东、台湾、贵州、四川等地。

生态习性

木荷为亚热带树种，好生于气候温暖湿润、土壤肥沃、排水良好之酸性土壤，在碱性土质中生长不良。

用　途

木荷与其他常绿阔叶树混交成林，发育甚佳，木荷常组成上层林冠，适于在草坪中及水滨边隅土层深厚处栽植。既是良好的用材林，又是美丽的观赏林。但人类越来越欣赏它的防火特长，将它混种于其他林木之中，或以它为主体，种成防火林带，均可收到良好效果。

梅江古树

木荷在梅江区非常普遍，是梅州的乡土树种，上百年的古树有 29 株，长沙镇、城北镇、城区都有分布。

洋坑沙缺的古木荷长势良好

金山街道办周溪村蓝塘的古木荷

洋坑沙缺的古木荷

金山办一金丰村三姓的古木荷堪称荷树王

第十五节　木棉科（Bombacaceae）

木　棉　*Bombax malabaricum*

别名：红棉、英雄树（广东）、攀枝花（云南）

形态特征

木棉科木棉属落叶大乔木，高可达 25 米；幼树干或老树枝条有短粗的圆锥状刺；侧枝平展。掌状复叶有 5 ~ 7 片小叶；小叶具柄，长 10 ~ 16 厘米，宽4 ~ 5 厘米，无毛；叶柄长 12 ~ 18 厘米。花簇生于枝端，先叶开放，直径约 10 厘米，红色或橙红色；花萼杯状，长 3 ~ 5 厘米，厚，常 5 浅裂；花瓣长 8 ~ 10 厘米；雄蕊多数，合生成短管，排成 3 轮，最外轮的集生为 5 束；子房 5 室。蒴果长 10 ~ 15 厘米，木质，裂为 5 瓣，内有绵毛；种子倒卵形，光滑。

东山书院门前的木棉

产地分布

分布在我国广西、广东、云南、四川、贵州等省，国外越南、印度、缅甸、印度尼西亚亦有分布，一般在海拔500米以下零星分布。

生态习性

为阳性树种，喜生于干热气候、石灰岩地带的平坦地及江河两岸的冲积土中，在日光充足的地方开花良好，在强酸性红黏土上则生长不良。萌芽力强，抗寒力中等，能耐0℃低温，在绝对低温－3℃时，幼苗和幼树枝梢会因受冻枯死。

用　途

木棉树主干通直挺拔，枝条平展，树冠伞形，自然树形优美，春天先花后叶，花大，瓣红蕊黄，极美丽，每朵花就像一团烧得正旺的火，远远望去整个树冠就像用红花铺成的，极为壮观。花后长出翠绿的掌状复叶也很美观。可观花、观枝、观干及观叶，是一种造型特殊的园景树，适合公园、庭院及行道种植，也可嫁接矮化作为盆栽。

梅江古树

木棉在梅江区分布很广泛，城区把木棉当行道树栽植。现发现的老树共有8株，其中位于城区三角镇梅塘五队侯屋的古木棉树龄达150年，胸围达8.2米，高达45米，该树生长良好，树干笔直，极具气派。东山书院门前的3株木棉树形优美，成为一道亮丽的风景线。

木棉的树叶

木棉的树干

东山书院门前古木棉成列，气势非凡

城北扎上村黎屋角的古木棉

梅塘五队侯屋的木棉需六人环抱

梅塘五队侯屋的木棉气势非凡

第十六节　梧桐科（Sterculiaceae）

梧桐树　*Firmiana simplex*

别名：青桐、桐麻

形态特征

梧桐树的浓密树叶

梧桐科梧桐属落叶乔木，高可达35米，枝条开展，树冠广阔，树皮灰绿色，不规则片状剥落，剥落后呈粉绿色，光滑。叶片三角状，长9～15厘米，宽9～17厘米，3～5掌状分裂，边缘有不规则尖齿和波状齿，基部截形或近心脏形，嫩时有星状毛，后近于无毛。球形花序直径2.5～3.5厘米，通常2个一串，状如悬挂着的铃；花长约4毫米；萼片4；花瓣4。花期为5月，果熟期为9～10月。

产地分布

原产于我国，各省广泛栽培。

生态习性

性喜光，喜温暖气候，不耐寒。适生于肥沃、湿润的沙质壤土。根肉质，不耐水渍，深根性，主根粗壮；萌芽力弱，一般不宜修剪。生长快，寿命较长，能活百年以上。发叶较晚，而秋天落叶早。对多种有毒气体都有较强抗性。

用途

梧桐栽培容易，管理简单，又很省水。枝叶繁茂，绿荫浓密，因“梧桐引凤”的传说而具有传奇色彩。梧桐是我国重要的庭院绿化树种，适于草坪、庭院、宅前、坡地孤植或丛植。

梅江古树

梅江区的梧桐树为外来引种，数目较少，上百年古树仅有1株，生在清末民初时期建的广益中学校园内。

广益中学的梧桐树干

广益中学的梧桐古树长势良好

苹　婆　*Sterculia nobililis*

别名：风眼果、七姐果、富贵子

形态特征

苹婆的果实和苍绿的树叶

梧桐科苹婆属落叶乔木，树干通直，高可达 20 米，树皮褐色。单叶互生，倒卵状椭圆形；圆锥花序疏散，腋生，倒垂，多花；多柄线状，秃净，花芽纺锤状；雄花萼钟形，直径约 10 毫米，外面有灰白色茸毛，内面红色，裂片线形，内弯，与萼管等长；雄蕊柱柔弱，弯曲，雌花少数；子房有毛，具柄，5 裂，花柱弯曲。蓇葖果革质，卵形，长 4 ~ 8 厘米，宽 2.5 ~ 3.5 厘米，具喙，熟时暗红色，被短茸毛。花期为 4 ~ 5 月，8 ~ 9 月可二次开花。蓇葖果卵形，9 ~ 10 月成熟时红色。种子有 1 ~ 5 颗，种皮暗栗色，有黏质，内种皮革质，暗黑色。

产地分布

产于中国贵州、云南、海南、广东、福建、台湾等地。

生态习性

喜光，喜温暖湿润气候，在肥沃排水良好的酸性、中性或钙质土壤中均可生长，也较耐瘠薄。根系发达，速生。

用　途

树冠宽阔浓密；蓇葖果鲜红，果实可食用；宜作为庭院风景树和行道树。

梅江古树

苹婆树在梅州分布较少，现仅发现两株，均位于文化公园内，周围为建筑围墙，立地条件较差。

第十七节　蔷薇科（Rosaceae）

梅　花　*Prunus mume*

别名：红梅、青梅

形态特征

蔷薇科李属落叶小乔木，株高5～10米，干呈褐紫色，多纵驳纹；小枝呈绿色。叶片广卵形至卵形，边缘具细锯齿。花芽着生在长枝的叶腋间，每节着花1～2朵，芳香，花瓣5枚，白色至水红，也有重瓣品种。花无梗或具短梗，原种呈淡粉红或白色，栽培品种则有紫、红、彩斑至淡黄等花色，于早春先叶而开。梅花可分为系、类、型，如真梅系、杏梅系、樱李梅系等。

潮塘古梅

产地分布

梅花原产于我国西南部及台湾。

生态习性

梅花在年雨量1 000毫米或稍多地区可生长良好，对土壤要求不严，较耐瘠薄。阳性树种，喜阳光充足，通风良好，为长寿树种。长江流域花期为12月至翌年3月。喜欢肥沃湿润、排水良好的中性至微酸性的土壤，忌水涝，耐贫瘠土壤。

梅花

用途

在园林绿地、庭院及风景区可孤植、丛植、片植，尤其适合利用坡地群植成林；也可以与常绿树搭配或者栽植成专类园。还是良好的盆栽、盆景和切花材料，果可以食用及药用。

梅江古树

梅花是梅州市市花，在梅江区分布广泛，园林绿化中多孤植或群植，以打造“梅林”景观。目前发现的4株古梅均位于城区内，其中三角镇“客天下”中的300年树龄的古梅花为周边地区移栽种，金丰村边潮塘的古梅传说树龄有450年，在全国实属罕见。

古梅在“客天下”中的造景

金丰村边潮塘的古梅

文化公园百年古梅风姿

梅州市政府为古梅花立碑

石斑木 *Rhaphiolepis indica*

别名：田代氏石斑木、尖梅花

形态特征

蔷薇科石斑木属常绿灌木，叶片集生于枝顶，卵形、长圆形、稀倒卵形或长圆披针形，长 4 ~ 8 厘米，宽 1.5 ~ 9 厘米，先端圆钝，急尖、渐尖或长尾尖，基部渐狭连于叶柄，边缘具细钝锯齿，上面光亮，平滑无毛，网脉显明下陷，下面色淡，无毛或被稀疏茸毛，叶脉稍凸起；网脉明显；叶柄长 5 ~ 18 毫米，近于无毛；托叶钻形，长 3 ~ 4 毫米，脱落。顶生圆锥花序或总状花序，总花梗和花梗被锈色茸毛，花梗长 5 ~ 15 毫米；苞片及小苞片狭披针形，长 2 ~ 7 毫米，近无毛；花直径 1 ~ 2 厘米；萼筒筒状，长 4 ~ 5 毫米，边缘及内外面有褐色茸毛，或无毛；果实球形，紫黑色，直径约 5 毫米，果梗短粗，长 5 ~ 10 毫米。花期为 4 月，果期为 7 ~ 8 月。果实可食。根入药，可治跌打损伤。

石斑木树叶

产地分布

我国广东、广西、浙江、江西、云南、台湾等地均有分布。

生态习性

性喜高温、湿润多雨和阳光充足或半阴环境。能抗强风，耐寒性佳；耐盐性不佳，耐旱性弱，耐阴性差；生长速率慢。年平均地径生长 0.3 厘米以下。

用途

可作为行道树、绿篱，可用于庭园美化、盆栽；可单植、列植、丛植。春天开花成簇，具观赏效果。石斑木花朵美丽，枝叶密生，能形成圆形紧密树冠。在园林中最宜植于园路转角处，或空间分隔，或作为阻挡视线的隐蔽材料。果实可食用。

梅江古树

石斑木在梅江区分布广泛，主要分布在山地林间和村道旁，百年古树仅发现 1 株，位于三角镇泮坑一队透水塘。

三角镇泮坑一队透水塘的石斑木

石斑木红果硕硕

第十八节　含羞草科（Mimosaceae）

大叶合欢　*Albizia lebbeck*

别名：夜合树、火七树、合欢、阔荚合欢

形态特征

含羞草科合欢属落叶大乔木。叶为大型的二回羽状复叶，羽片 2 ~ 4 对；小叶 4 ~ 8 对，长圆形或长椭圆形，长 2 ~ 4.7 厘米；叶柄近基部及叶轴顶部各具 1 腺体，每个羽片轴上部小叶下具 2 ~ 5 腺体。春末至夏季开花，由许多小花聚合成的头状花序排列成伞房状，花绿黄色，素雅而芳香。秋季结带状果实，黄褐色，有网纹，长 15 ~ 32 厘米，宽 2 ~ 5.5 厘米。

市人民医院里枝叶繁茂的大叶合欢

产地分布

原产于热带非洲及亚洲，现广布于热带地区，我国广东、福建、海南、

四川等地均有分布及栽培。

市人民医院的大叶合欢树干

生态习性

大叶合欢既能抵挡强风，又能抵受盐分。

用　途

该树种边材黄白色，心材深褐色，结构均匀，耐腐朽，供车辆、船艇、雕刻、网球拍柄等用；叶可用作家畜饲料，但果有毒。在园林应用上，该树种枝叶茂盛，树姿清爽婆娑，宜用作庭院风景树或行道树，有“夫妻和合”、“合家欢乐”、“愉悦”、“欢聚”等寓意。

梅江古树

梅江区大叶合欢主要分布在村边、医院内，树姿优美，枝叶茂盛，是很好的园林绿化树种。现发现的古树共有 4 株。

市人民医院的古合欢全株

金山办龙丰佛塔后路边的百年大叶合欢

台湾相思 *Acacia richii*

别名：台湾柳、相思树、相思子、洋桂花

形态特征

含羞草科金合欢属常绿乔木，树高可达15米，胸径可达60厘米。树皮不裂不落，灰褐色。苗期第一片真叶为羽状复叶，稍长，小叶退化，叶柄呈叶状，披针形，弯似镰刀，革质，长6～10厘米，宽约1厘米，具平行脉3～7条。头状花序，黄色，腋生。荚果扁平，长5～12厘米。种子7～8粒，坚硬，褐色，有光泽。

产地分布

原产于我国台湾，遍布全岛平原、丘陵低山地区。广东、海南、广西、福建、云南、江西等省的热带和亚热带地区均有栽培。

生态习性

三角洋坑的台湾相思树干

喜光，可耐轻度庇荫。喜温暖而畏寒，适生于干湿季明显的热带和亚热带气候地区。对土壤要求不严，耐干旱瘠薄，在冲刷严重的酸性粗骨质土、沙质土和黏重的高岭土上均能生长。但在贫瘠土壤条件下生长慢且树干弯曲，在土壤深肥的地方生长快且树干通直。对土壤水分状况的适应力很强，不怕河岸间歇性的水淹或浸渍；因根深材韧，抗风力也强。

用途

木材坚韧致密，有弹性，不易折，花纹美观，褐色，具光泽，干燥后少开裂，供造船、车辆、枕木、家具、农具等用材。树皮含单宁23%～25%，为栲胶原料。树叶富含养分，是良好的绿肥。花含芳香油，可作为调香原料。台湾相思适应性强，适于营造防护林，也是行道树和四旁绿化的优良树种。

梅江古树

台湾相思在梅江区分布广泛，但多数是20世纪50年代以后种植的，上百年大树仅发现1株，位于洋坑水库。

台湾相思的花

台湾相思的树叶

第十九节　苏木科（Caesalpiniaceae）

凤凰木　*Delonix regia*

别名：红花楹树、凤凰树、火树、红花楹

形态特征

苏木科凤凰木属落叶乔木，高达10～20米，树冠平展成伞形。二回羽状复叶，长20～60厘米，有羽片15～20对，羽片长5～10厘米，有小叶25～28对；小叶密生，细小，长圆形，长4～8毫米，两面被绢毛，顶端钝。伞房式总状花序顶生和腋生；花大，直径7～10厘米；花冠鲜红色至橙红色，具黄色斑。花期为5～7月，果期为11月。荚果微呈镰开形，扁平，长30～60厘米。种子秋季成熟。

凤凰木的花

花瓣五瓣，花色艳红带黄晕。花红叶绿，满树如火，富丽堂皇，遍布树冠，犹如蝴蝶飞舞其上。“叶如飞凰之羽，花若丹凤之冠”，故名凤凰。

产地分布

原产于非洲。我国台湾、海南、福建、广东、广西、云南等地有引种栽培。

生态习性

广益中学的凤凰木生长旺盛

凤凰木种植6～8年开始开花，花期为5～7月。性喜高温多湿的环境，在阳光充足处方能繁茂生长，故在南方热带生长较快，一般1年生凤凰木高1.5～2米，2年生凤凰木高3～4米，树体高，冠幅大。

喜光，喜高温多湿气候，栽培地全照或半日照均能适应，土质须为肥沃、富含有机质的沙质壤土，排水须良好，不耐干旱和瘠薄，不耐寒，抗风，抗大气污染。凤凰木适宜种植于有充足阳光及有遮蔽、排水良好的沙土上。

用　途

凤凰木是绿化、美化和香化环境的风景树。根系有固氮根瘤菌，可节省肥料，其木质致密，质轻有弹性，可作为家具、板材、造纸原料。

梅江古树

梅江区内的凤凰木分布较广，多为孤植造景。现发现上百年古树仅1株。

凤凰木树叶

凤凰木的粗壮树干

腊肠树 *Cassia fistula*

别名：牛角树、波斯皂荚、阿勃勒

形态特征

金山蓝塘村天字岌的腊肠树

苏木科决明属常绿乔木。高可达 15 米，偶数羽状复叶，叶柄及总轴上无腺体，小叶 4～8 对，宽卵形至椭圆状卵形。长 8～15 厘米，总状花序疏散，下垂，花淡黄色，径约 4 厘米。荚果圆柱形，黑褐色，有 2 槽纹，不开裂，种子间有横隔膜。其果实和灌有猪肉的大香肠非常相似，因此叫腊肠树。5～8 月开花，远远望去，在绿叶丛中，无数簇生的黄色花朵，非常好看。9～10 月结果，荚果长 30～50 厘米，黑暗色，圆柱形，不开裂，每个果实里面有 40～100 粒种子。

产地分布

原产于印度、斯里兰卡和缅甸，我国南方城市有分布。

生态习性

喜阳，耐半阴，喜温暖和湿润气候，怕霜冻，喜生长在湿润、肥沃且排水良好的中性冲积土中，忌积水，在干燥瘠薄的壤土中也能生长。

用　途

腊肠树是美丽的庭院观赏树，特别是在夏季开花时，满树金黄色，异常美丽。可作为秋季观果的庭院风景树、庭荫树和行道树。树皮、根、果可以入药。

梅江古树

腊肠树在梅州分布较少，树龄达100年以上的仅发现1株。

红花羊蹄甲 *Bauhinia blakeana*

别名：洋紫荆、红花紫荆、香港樱花、洋樱花

形态特征

红花羊蹄甲的花

苏木科羊蹄甲属常绿乔木，树高可达8米。叶革质，圆形或阔心形，长10～13厘米，宽略超过长，顶端2裂，状如羊蹄，裂片约为全长的1/3，裂片端圆钝。总状花序或有时分枝而呈圆锥花序状；红色或红紫色；花大如掌，长10～12厘米；花瓣5，其中4瓣分列两侧，两两相对，而另一瓣则翘首于上方，形如兰花；花有近似兰花的清香，故又被称为“兰花树”。花期为11月至翌年4月。

产地分布

分布在我国的福建、广东、海南、广西、云南等地。此外，越南、印度亦有分布。1965年被选为香港的市花。

生态习性

热带树种，喜欢高温、潮湿、多雨的气候，有一定的耐寒能力，适应肥

沃、湿润的酸性土壤，在我国北回归线以南的广大地区均可以越冬生长。

用途

树冠美观，花大且多，色艳、芳香，是华南地区园林主要观花树种之一，宜作为园景树、庭荫树或行道树。

梅江古树

红花羊蹄甲是梅江区常见园林绿化树种，多用作行道树，花落时节常形成“落英缤纷”的景象。梅江区上百年古树仅发现1株，位于清末民初时期建的校园内。

红花羊蹄甲树干

乐育中学的红花羊蹄甲全景

第二十节　蝶形花科（Papilionaceae）

软荚红豆　*Ormosia semicastrata*

别名：相思子、花梨木

形态特征

软荚红豆的树叶

蝶形花科红豆属乔木，高达12米；小枝疏生黄色柔毛。羽状复叶具小叶3~9片；小叶革质，长椭圆形，长4~14厘米，宽2~6厘米，先端渐尖或骤尖，钝或微凹，基部楔形，无毛。圆锥花序腋生，花梗密生黄色柔毛；花萼钟状，长4~5毫米，密生棕色柔毛；花瓣白色，长为萼的2倍；子房密生黄色短柔毛，内有胚珠2个。荚果小，革质，近圆形，长1.5~2厘米，干时黑色；种子1粒，鲜红色，扁圆形，长阔均约9毫米，种脐长2毫米。花期为5月，果熟期为9~10月。

产地分布

分布于我国江西、福建、广东、广西等地。

生态习性

喜光，喜暖热气候，不耐寒。喜肥沃湿润土壤，不耐旱。萌芽力强，根系发达，寿命长。

用途

相思子

软荚红豆枝叶繁茂，树冠开阔，是南方著名的观赏树种，宜用作庭荫树、行道树。种子红色可供装饰用，或制作纪念品。该树因唐代著名诗人王维的《相思》诗句“红豆生南国，春来发几枝；愿君多采撷，此物最相思”而出名。在园林中宜孤植、丛植于草坪、建筑物前等。

梅江古树

软荚红豆有着极其深厚的文化底蕴，传说是心有相思之苦的人，落泪树下，难以化解，最终凝结而成。调查发现，梅江区城北镇群益村横溪1991年有2株古软荚红豆，因为环境破坏和其他因素影响，现仅存活1株。

红豆树开花和结果没有一定规律，有的树要几十年才开花一次，开花后不一定结果，因此它成为稀有珍品。

城北镇群益村横溪的软荚红豆

第二十一节 楝 科（Meliaceae）

米 兰 *Aglaia odorata*

别名：树兰、鱼子兰、米仔兰

形态特征

楝科米仔兰属常绿灌木或小乔木。多分枝，幼枝顶部具星状锈色鳞片，后脱落。奇数羽状复叶，互生，叶轴有窄翅，小叶 3～5 对，对生，倒卵形至长椭圆形，先端钝，基部楔形，两面无毛，全缘，叶脉明显。圆锥花序腋生。花黄色，极香。花萼 5 裂，裂片圆形。花冠 5 瓣，长圆形或近圆形，比萼长。花丝结合成筒，比花瓣短。浆果卵形或球形，有星状鳞片。种子具肉质假种皮。花期为 7～8 月，或四季开花。

产地分布

原产于亚洲南部，广泛种植于热带地区，在我国福建、广东、广西、四川、云南有分布。

生态习性

喜温暖湿润和阳光充足环境，不耐寒，稍耐阴，土壤以疏松、肥沃的微酸性土壤为最好，冬季温度不低于 10℃。夏季气温高时，除每天浇灌一两次水外，还要经常用清水喷洗枝叶并向盆栽放置地面洒水，以提高空气湿度。

用 途

米兰盆栽可陈列于客厅、书房和

联合中学的百年米兰

门廊，清新幽雅，舒人心身。在南方庭院中米兰是极好的风景树，在北方多作为盆栽。

梅江古树

米兰在梅江区常用作绿篱，或孤植，可修剪成多种形状，上百年古树甚少，梅州境内仅 3 株，其中联合中学内的 2 株百年米兰胸围达 1.1 米，实为罕见。

米兰苍翠的树叶

梅州市人民政府为百年米兰树挂牌

古米兰形态精奇

香 椿 *Toona sinensis*

别名：椿树子、香椿铃、香铃子、山椿

形态特征

香椿为楝科香椿属多年生的落叶乔木，树木高可达 10 米。叶互生，为偶数羽状复叶，小叶 6～10 对，长椭圆形，叶端锐尖，长 10～12 厘米，宽 4 厘米，幼叶紫红色，成年叶绿色，叶背红棕色，轻被蜡质，略有涩味，叶柄红色。圆锥花序顶生，下垂，两性花，白色有香味，花小，钟状，蒴果椭圆形或近卵形，长 2 厘米左右，成熟后呈红褐色，果皮革质，开裂成钟形。6 月开花，10～11 月果实成熟。种子椭圆形，木质长翅，含油量高。

百年香椿葱翠的树叶

产地分布

香椿为我国原产种，栽培分布极为广泛，北自辽宁南部，南至江西、福建，西至甘肃，东至山东、江苏、浙江等省均有栽培。

生态习性

喜温，适宜在平均气温 8℃～10℃的地区栽培，抗寒能力随树龄的增长而增强。香椿喜光，较耐湿，适宜生长于河边、宅院周围肥沃湿润的沙质壤土。

城北干才村仙审屋门口的百岁香椿

用途

我国香椿品种很多，根据香椿初出芽苞和子叶的颜色不同，基本上可分为紫香椿和绿香椿两大类。紫香椿一般树冠都比较开阔，树皮灰褐色，芽孢紫褐色，初出幼芽紫红色，有光泽，香味浓，纤维少，含油脂较多；绿香椿树冠直立，树皮青色或绿褐色，香味稍淡，含油脂较少。

梅江古树

香椿是梅江区常见绿化树种，多作为行道树。梅江区上百年古树仅发现1株，位于城北干才村。

第二十二节　桃金娘科（Myrtaceae）

柠檬桉　*Eucalyptus citriodora*

别名：光皮桉、靓仔桉、香桉

形态特征

桃金娘科桉属常绿乔木，高可达25米，干直或稍弯曲。树皮光滑，灰白色，成薄片剥落，基部宿存粗糙树皮。嫩叶圆柱形，幼叶卵形，成熟叶披针形，略成镰刀形，叶绿色，花黄白色。

产地分布

原产于澳洲，我国广东、广西、福建、海南等省有栽种。

生态习性

柠檬桉为最喜光树种，自然整枝非常良好。树叶集中于树梢顶端，林下透光度大。凡气温在0℃以上的地方都能生长。对土壤要求不高，喜湿润、深厚和疏松的土壤。在一般酸性土，以及土层深厚而疏松、排水良好的红壤、砖红壤、黄壤和冲积土中均生长良好。

用途

生长快，适应性强，易繁殖，萌芽能力强，可用作山坡造林和林带，亦可作为行道树，叶可提取芳香油。

梅江古树

梅江区的柠檬桉分布较少，尤其是百年柠檬桉，现发现的仅有6株，均在城区内，东山书院百年柠檬桉树围达3.1米，树干粗壮，树姿优美。

东山书院的百年柠檬桉树干奇特

梅州市人民政府为古柠檬桉立碑

古树参天，骨骼精奇，树干光滑

城北会文学校的柠檬桉

大叶桉 *Eucalyptus robusta*

别名：蚊仔树

形态特征

桃金娘科桉属常绿乔木，树皮不剥落，暗褐色，有槽纹；小枝初生为淡红色，渐变为褐色。叶互生，革质，卵状披针形，侧脉横列，长 8～18 厘米，宽 3～7.5 厘米，有叶柄。伞形花序腋生或侧生，有花 5～10 朵，总花梗粗而扁。花萼帽状体厚，直径约 9 毫米。蒴果倒卵形至壶形。

东山书院的大叶桉

产地分布

原产于澳大利亚。我国西南部和南部地区有栽培。

生态习性

阳性，喜暖热气候，生长快。

用途

该树种是城市行道树，亦是防风林树种，是世界著名的速生树种，适应性强，木材坚韧耐腐。大叶桉树叶可提取桉油，树皮可提取单宁。

梅江古树

该树种作为道路绿化树种，曾在梅州有广泛的应用，但百年古树较少，梅江区仅发现 1 株，位于东山书院旁。

树干粗壮

枝叶茂密

红鳞蒲桃 *Syzygium hancei*

别名：小花蒲桃、红车木

形态特征

桃金娘科蒲桃属灌木或乔木，高 3 ~ 10 米。叶对生，革质，椭圆形、狭椭圆形或倒卵形，长 3 ~ 7 厘米，宽 1.3 ~ 4 厘米，顶端渐尖或微钝，无毛，侧脉不明显，在近叶缘处会合成一边脉；叶柄长 2 ~ 7 毫米。聚伞花序腋生和顶生，长 1 ~ 2 厘米，有少数花，无毛；花白色，常 3 朵聚生于花序分枝顶端；花萼倒圆锥形，长不到 2 毫米，常有棱角，萼齿不明显；花瓣近圆形，长约 1 毫米；雄蕊多数，长不到 1 毫米。浆果椭圆形或近球形，长 1 ~ 1.7 厘米。

产地分布

常见于我国福建、广东、广西、海南等省。

生态习性

常见于低海拔疏林中，喜温暖湿润气候，对土壤要求不严，适应性较强。

百年红鳞蒲桃树干

金山办一金丰村三姓的红鳞蒲桃

用　途

该树为常绿乔木，树形雅致，枝繁叶茂，叶厚光亮，终年翠绿，其嫩枝嫩叶鲜红色，艳丽可爱，且病虫害少，是绿篱、球冠类型灌木的上好选材，亦是优良的庭园绿化、观赏树种。

梅江古树

该树种为慢生树种，在梅江区分布较少，上百年的老树较为罕见。现发现 4 株，均位于山地上，长势较好。

第二十三节　大戟科（Euphorbiaceae）

秋　枫　*Bischofia javanica*

别名：常绿重阳木

形态特征

大戟科秋枫属常绿或半常绿乔木，高可达40米；树皮褐红色，光滑。三出复叶互生，小叶卵形或长椭圆形，长7～15厘米，先端渐尖，基部楔形，缘具粗钝锯齿，圆锥花序下垂，雌花具3～4花柱；花期为3～4月。果球形，径8～15毫米，熟时蓝黑色。

学宫前的200年古秋枫

产地分布

产于我国南部，越南、印度、日本、印度尼西亚、澳大利亚也有分布。

生态习性

喜光，稍耐阴，喜欢温暖湿润气候，耐寒能力弱，对土壤要求不严，在湿润肥沃的沙质土壤中生长迅速，能耐水湿。生长较快，根系发达，抗风力强。宜在春季发芽前带土移植。对二氧化硫有一定的抗性。

用途

树姿优美，枝叶茂盛，早春嫩叶鲜绿光亮，入秋叶色转红，艳丽悦目。宜用作庭荫树和行道树，也可以作为堤岸绿化树种。在草坪、湖畔、溪边上丛植点缀，颇为相宜，也可用于街道广场绿化。

梅江古树

秋枫、榕树、梅花是梅州数量较多的乡土树种。梅江区百年以上的秋枫有 13 株，其中学宫的 5 株秋枫树龄达 200 年，均高约 20 米，生长状况良好，树姿优美。

秋枫的树冠

嘉应学院百年秋枫

秋枫的叶和花

秋枫的石碑

土蜜树 *Bridelia tomentosa*

别名：逼迫仔、土知母、补脑根、补锅树

形态特征

大戟科土蜜树属植物，幼枝纤细，密被锈色短柔毛。叶椭圆形至倒卵状矩圆形，纸质，下面被较稠密的长柔毛。叶柄被锈色的稠密短柔毛。托叶条状披针形。花小，单性、雌雄同株。数朵簇生于叶腋，花瓣5，小型。核果卵状球形。

土蜜树的树叶

产地分布

在我国主要分布于云南、广西、广东、台湾。越南至印度也有，生于疏林下或灌丛中。

生态习性

喜光，不耐阴；喜温暖、湿润气候。不拘土质，耐干旱瘠薄，于排水良好的土壤中生长为佳。生性强健，可粗放管理。

用途

蜜源植物，故有土蜜树之称；适合于荒山造林，兼可发展养蜂业；可药用，叶治外伤，出血损伤，根治感冒、神经衰弱，树皮含单宁 8.08%，可提取栲胶。

梅江古树

梅江区土蜜树分布较广，主要分布在山间、林地，嘉应桥头公园的两株古土蜜树枝叶茂盛，树干粗壮，生长状况良好。

土密树的树干

嘉应桥头公园的土蜜树

乌 桕 *Sapium sebiferum*

别名：蜡子树、木油树，又称木梓、油梓

形态特征

大戟科乌桕属落叶乔木，高可达 15 米。树冠近球形，小枝细，叶菱形、菱状卵形，先端突渐尖，基部宽楔形，全缘。叶柄细长，顶端有腺体 2。花序顶生，花黄绿色。果扁球形，黑褐色，熟时开裂。种子黑色，外被白色、蜡质假种皮，宿存在果轴上经冬不落。花期为 5 ~ 7 月，果熟期为 10 ~ 11 月。

产地分布

分布于我国秦岭、淮河流域以南，东至台湾，南至海南岛，西至四川中部，西南至贵州、云南等地。

生态习性

喜光，耐寒性不强，在年平均温度 15℃以上、年降雨量 750 毫米以上地区都可生长。对土壤适应性较强，在沿河两岸冲积土、平原水稻土、低山丘陵黏质红壤、山地红黄壤中都能生长，在深厚湿润肥沃的冲积土中生长最好。土壤水分条件好时生长旺盛，能耐短期积水，亦耐旱、耐盐。

用 途

在城市园林中作为行道树或景观树，常作为移植物配植于植物群落，春秋季叶色红艳夺目，能产生很好的造景效果。

梅江古树

乌桕是本地乡土树种之一，山地有不少野生，但百年以上的乌桕在梅江区仅泮坑龙头嘴 1 株，当地村民在树下筑“伯公”神坛，祈求家人出入平安。也许正是这个“伯公”的存在，培育了这棵罕见的百岁乌桕。

乌桕的花

乌桕的叶

泮坑龙头嘴乌桕全景

泮坑龙头嘴乌桕近景

第二十四节　鼠李科（Rhamnaceae）

枳　椇　*Hovenia acerba*

别名：拐枣、万寿果、鸡爪子

形态特征

鼠李科枳椇属落叶乔木，嫩枝、幼叶背面、叶柄和花序轴初有短柔毛，后脱落。叶片椭圆状卵形、宽卵形或心状卵形，长 8～16 厘米，宽 6～11 厘米，顶端渐尖，基部圆形或心形，常不对称，边缘有细锯齿，表面无毛，背面沿叶脉或脉间有柔毛。聚伞花序顶生和腋生；花小，黄绿色，花瓣扁圆形；花柱常裂至中部或深裂。果柄肉质，扭曲，红褐色；果实近球形，无毛，直径约 7 毫米，灰褐色。花期为 6 月，果期为 8～10 月。果实形态似万字符“卍”，故称万寿果。

枳椇树叶

树叶近景

产地分布

分布于安徽、浙江、江西、广东、福建、湖北、湖南、广西、陕西、四川、贵州、云南等省，为阳性树种，生向阳山坡、山谷、沟边及路旁，或栽培。

生态习性

适合于微酸性土壤和中性土壤，深根性树种，萌芽力强，在适生地点生长迅速。

城北干才村仙审屋门口的古树长势良好

用　途

果柄含大量葡萄糖和苹果酸，经霜后甜，可生食或酿酒，俗称“拐枣”；果实入药，为清凉利尿药，并能解酒；“拐枣酒”能治风湿；木材硬度适中，纹理美，可作为建筑及制作家具和美术工艺品等的用材。

梅江古树

枳椇在梅江区分布较广，主要分布在村落房前屋后，还有山地林地上，百年老树较少，现发现 4 株，生长旺盛。城北仙审屋门口的古枳椇树龄为百年以上，胸围达 1.45 米，树干粗壮，枝叶茂盛。

第二十五节　无患子科（Sapindaceae）

龙眼树　*Dimocarpus longan*

别名：桂圆、圆眼

形态特征

无患子科龙眼属常绿乔木，板状根较明显；树皮黄褐色，粗糙，薄片状脱落。偶数羽状复叶，互生，长 15～30 厘米；小叶薄革质，长圆形或长圆状披针形，长 6～15 厘米，宽 2.5～5.0 厘米，先端急尖或稍钝。圆锥花序顶生和腋生，长 12～15 厘米，花杂性，簇生，黄白色；花萼 5，花瓣 5，雄蕊 8，着生花盘内侧；果核果状，球形，果皮干时脆壳质，不开裂；种子球形，褐黑色，有光泽，被肉质假种皮所包围。

城北塔下六社的龙眼树群

产地分布

原产于我国南部等亚洲热带及亚热带地区，我国广东、福建、台湾、海南、四川等地均广泛栽培。

生态习性

喜阳，较耐阴，喜温湿气候及肥沃土壤，不耐霜冻，需最低气温零度以上，年平均气温18℃～24℃。忌积水，生长慢，寿命可长达千年。根系发达，对土壤适应能力强，较耐旱，一般山坡地或水塘边都可以种植。

用途

用作园林观赏树、行道树和果树及防护林，其果实是华南著名佳果之一，果肉甜美可口。

两株龙眼古树相拥

梅江古树

龙眼树在梅江区分布广泛，几乎每个村落都有种植，客家人习惯在房前屋后种植果树，一来方便管理，二来可塑造舒适环境。初步发现梅江区有15株百年龙眼树。

龙眼果实

百年龙眼古树树叶

第二十六节　马鞭草科（Verbenaceae）

柚　木　*Tectona grandis*

别名：胭脂木、血树、麻栗、泰柚

形态特征

马鞭草科柚木属高大阔叶乔木，高可达39～45米。树皮褐色或灰色，枝四棱形，被星状毛。叶对生，极大，卵形或椭圆形，背面密被灰黄色星状毛。圆锥花序阔大，秋季开花，花白色，芳香。世界珍贵用材树种。用手将柚木叶片搓碎，有血红色染物着色手指，并且一时难以洗净，因此又称胭脂树或血树。

嘉应学院的百年古柚木

产地分布

主产于东南亚，如缅甸、老挝、越南、泰国、印度等，在我国主要分布于广东、广西、云南等省。

生态习性

柚木是热带树种，要求较高的温度，喜光，原产地年平均气温为20℃～27℃，绝对低温2℃，干湿季明显。强阳性树种，能生长于红壤和赤红壤上，喜深厚、湿润、肥沃、排水良好的土壤。可在无低温霜冻（-1℃～2℃）、根系浅、树冠大、易遭风害的地方推广种植。

用途

柚木是制造高档家具、地板、室内外装饰的最好材料。适用于造船、桥梁等，特别适宜制造船甲板。柚木珍贵罕见，叶子又大，材质优秀，价值大，常用作行道树，或用于小区绿化、园林点缀、四旁绿化。

梅江古树

柚木为外来树种，在梅州地区较少见，但也许在百年前有人从外洋引进试种，取得成功，在几处见有柚木老树。梅江区有百年柚木 11 株，均在清末建成的教堂或学校内，其中有 1 株被雷电击伤，已呈枯死状。

城北会文学校的古柚木全景

城北会文学校的古柚木近景

山牡荆 *Vitex quinata*

别名：薄姜木、山布荆、五指风

形态特征

城北镇群益村桃李下桃沅墩口的古山牡荆

马鞭草科牡荆属常绿小乔木，高可达十几米；树干灰褐色，心材黄褐色，有强烈臭气。树皮纵裂，嫩枝四方形，小枝，花序、花萼、花冠均被灰色柔毛和腺点。掌状复叶，对生，有小叶 3 ~5 片，小叶柄 2 厘米；小叶片倒卵状披针形或椭圆状披针形，中央小叶最大，顶端渐尖，基部楔形，全缘无毛，表面有白色腺点，下面密被金黄色腺点。花期为 6 ~7 月，两性，顶生聚伞花序，对生于主轴上组成圆锥状，密被毛及腺点；苞片条形，易脱落；花萼钟状，3 毫米，5 齿，外侧被棕黄色细柔毛及腺点，宿存；花冠筒漏斗状 8 毫米，黄白色，顶端 5 裂，二唇形，下唇中间裂片较大，淡紫色，外侧被毛。果期为 8 ~9 月，核果球形，幼时绿色，熟后黑色，为宿存萼片所包被，中果皮肉质，内果皮骨质。

产地分布

产于我国广东、广西、湖南、江西、浙江、福建、台湾。

生态习性

喜光，不耐阴；喜温暖、湿润气候。不拘土质，耐干旱瘠薄。能抗风，性强健。萌发能力强，耐修剪。

用　途

山牡荆可入药，味淡，性平。根、茎、枝、叶都能入药，有止咳定喘、镇静退热之效，可治支气管炎、小儿发热不安等症。

梅江古树

梅江区的山牡荆主要分布在郊区，市区内很少，树龄百年以上的罕见，现仅发现两株老树，其中，位于城北镇群益村桃李下桃沅墩口的山牡荆树高有 8 米。

第二十七节　橄榄科（Burseraceae）

橄榄树　*Canavium album*

别名：青果、白榄、谏果

形态特征

橄榄科橄榄属乔木，幼时被黄褐色茸毛，旋脱落，具托叶，小叶 3～6 对，椭圆形或卵形，长 6～14 厘米，宽 5.5 厘米，先端渐尖至骤尖，无毛或下表面沿脉上疏被刚毛，下面被细小疣状突起，侧脉 12～16 对。花序腋生，微被茸毛或无毛，果卵圆形或纺锤形，长 2.5～3.5 厘米，无毛，黄绿色，外皮厚，干时有皱纹，果核渐尖。花期为 4～5 月，果熟期为 10～12 月。

城北玉水村二社下角屋的橄榄树

产地分布

产于台湾、福建、广东、南海、广西、贵州、四川及云南。生于海拔180～1 300米沟谷山坡林中，产区有栽培。在越南也有分布。

生态习性

亚热带常绿乔木，耐旱，耐寒，是生长能力很强的长寿树种。

长沙镇澄滩村滩下四队的百年橄榄树

金山办一金丰村祥云庵的百年橄榄树

用途

全世界橄榄树的栽培品种有500余种。橄榄枝叶茂密，可作为庭荫树、行道树或观果树；橄榄果实食用、药用皆宜；橄榄油被人们誉为“液体黄金”。

梅江古树

梅江区橄榄树分布较多，百年橄榄较少，全区百年橄榄树共有6株，分布在山地林间和村道旁，其中长沙镇澄滩村滩下四队百年橄榄树高达25米，树干笔直，枝叶茂盛，每年到结果季节时都果实累累。

第二十八节　木犀科（Oleaceae）

桂　花　*Osmanthus fragrans*

别名：木犀、岩桂

形态特征

木犀科木犀属常绿阔叶乔木，高可达15米，树冠可覆盖400平方米。树皮粗糙，灰褐色或灰白色，叶革质对生，椭圆形、卵形至披针形，全缘或上半部疏生细锯齿。花3～5朵，簇生于叶腋，多着生于当年春梢，花冠有乳白、黄、橙、红等色，香气极浓。

产地分布

桂花原产于我国西南和中部，现广泛栽种于中国西南部，如四川、云南等省，此外，广西、广东和湖北等省也有栽种。

生态习性

喜光，稍耐阴，喜温暖和通风良好的环境，不耐寒，喜富含腐殖质、肥沃、湿润、排水良好的偏酸性土壤或沙质壤土，在涝地、碱地和黏重土壤上生长不佳，对二氧化硫和氯气等有中等的抵抗能力。

“客天下”的180年古桂花全景

用 途

桂花为珍贵的观赏芳香植物，清香幽远，沁人心脾，多为庭园绿化树种。

梅江古树

桂花在梅江区栽植历史悠久，多作为园林绿化树种或商品树，百年老树较少，共发现8株，其中三角镇客天下旅游产业园（本书简称“客天下”）从周边地区移植树龄近200年的古桂花栽种，获得成功，树姿雄伟；银营小学内的古桂花为清代时期种植，树龄达200年，树姿优美。

桂花树干

桂花树叶

城北扎上村灵鹫庙的 200 年古桂花树

梅州市人民政府为古桂立碑

城北银营村银营小学内的古桂花树

城北玉水村玉水小学内的桂花树

第二十九节　棕榈科（Palmae）

海　枣　*Phoenix dactylifera*

别名：伊拉克蜜枣、枣椰子、战捷木

高级中学内的海枣

形态特征

棕榈科刺葵属植物，雌雄异株，高可达20～25米。羽状复叶，叶长可达3～5米，小叶披针形，叶色带浅灰绿色。

产地分布

原产于非洲北部和亚洲西部，广植于热带、亚热带地区。我国广东、广西、福建及云南有栽培。

生态习性

热带果树。生长速度中至慢。耐热，耐寒，耐旱，耐湿，耐瘠，抗风，抗污染，易移植。

用　途

树姿粗犷健美，为优良之景观树、行道树，在低海拔地区之庭园、校园、公园、游乐区、廊宇等均可孤植、列植、群植。海枣尤适宜用于海滨造园。罗比亲王海枣适于中庭绿化，果实可以生食，也可以酿酒和制蜜饯。

梅江古树

海枣为外引树种，在梅江区绿化应用并不多见，多为 20 世纪 50 年代栽植，树龄达百年以上仅有 3 株，在民国初年建成的校园内。

海枣树干

金山蓝塘村天字岌的百年古海枣

加拿利海枣　*Phoenix canariensis*

别名：长叶刺葵、加拿利刺葵、槟榔竹

形态特征

棕榈科刺葵属常绿乔木。干单生，其上覆以不规则的老叶柄基部。叶大，长可达 4 ~ 6 米，呈弓状弯曲，集生于茎端。羽状复叶，成树叶片有小叶 150 ~ 200 对，形窄而刚直，端尖，上部小叶不等距对生，中部小叶等距对生，下部小叶每 2 ~ 3 片簇生，基部小叶成针刺状。叶柄短，基部肥厚，黄褐色。

叶柄基部的叶鞘残存在干茎上，形成稀疏的纤维状棕片。5～7月开花，肉穗花序从叶间抽出，多分枝。果期为8～9月，果实卵状球形，先端微突，成熟时橙黄色，有光泽。种子椭圆形，中央具深沟，灰褐色。

加拿利海枣树干

产地分布

加拿利海枣原产于非洲西岸的加拿利岛，在我国热带至亚热带地区可露地栽培，在长江流域冬季需稍加遮盖，黄淮地区则需室内保温越冬。

生态习性

阳生植物，喜光，耐半阴。生性喜高温多湿环境，耐酷热，也能耐寒，生长适温为20℃～30℃。极为抗风。耐盐碱，耐贫瘠，在肥沃的土壤中生长迅速。以含腐殖质之壤土最佳，排水需良好。热带至亚热带地区可露地栽培。

用　途

加拿利海枣富有热带风韵，其树形优美舒展，茎干胸径常达50厘米以上，具紧密排列的扁菱形叶痕；叶绿壮旺，羽片坚韧。树形张开呈半圆形，远观如同撑开了的雨伞，富有热带风情，可盆栽用作室内布置，也可室外露地栽植，无论列植或丛植，都有很好的观赏效果，应用于公园造景、行道绿化，

梅州市人民政府为加拿利海枣立碑

效果极好。其成龄树能耐 -10℃低温，为棕榈科植物中耐寒能力最强的品种之一。该树种虽原产于海岛，但也非常适应内陆气候，耐寒性也较强，可在热带至亚热带气候条件下种植。

梅江古树

加拿利海枣近年来在梅江区普遍栽植，但树龄在百年以上的十分罕见，鸿都广场于2002年引进栽种了两株百年加拿利海枣，树高11.5米，树干粗壮，气势雄伟。

鸿都广场的百年加拿利海枣近景

鸿都广场的百年加拿利海枣全景

假槟榔 *Archontophoenix alexandrae*

别名：亚历山大椰子

形态特征

棕榈科假槟榔属常绿乔木，高可达 20 米。干有梯形环纹，基部略膨大。羽状复叶簇生干端，小叶 2 列，条状披针形，背面有灰白色鳞秕状覆被物，侧脉及中脉明显；叶鞘绿色，光滑。花单性同株，花序生于叶丛之下。果卵球形，红色。

产地分布

原产于澳大利亚东部。我国福建、台湾、广东、海南、广西、云南及重庆、四川长江沿岸地区等有栽培。

生态习性

喜高温，耐寒力稍强，能耐 5℃ ~ 6℃的长期低温及极端 –5℃左右低温，幼苗及嫩叶忌霜冻，老叶可耐轻霜。抗风力强，能耐 8 ~ 9 级风暴。喜光，但幼苗期宜在半阴地生长。对土壤的适应性颇强，在肥力中等以上的各类土壤中均能生良好。耐水湿，亦较耐干旱。根系浅，地植不宜过深，施垃圾肥或禽畜粪用作基肥，成活以后，或任其自然生长，无病虫害，易管理。

金山蓝塘村天字岌的古假槟榔高耸入云

用途

可用于园林群植观赏，也可列植于宾馆、会堂门前，营造庄严肃穆的气氛，还可作为城市道路的行道树。

梅江古树

假槟榔为外来引种，在梅江区较为少见，金山蓝塘村天字岌有一列古假槟榔，现存7株，树干笔直，高逾楼顶，甚为雄伟。

附录一　古树名木调查保护的有关文件

全国古树名木普查建档技术规定

第一章　总　则

第一条　根据《中华人民共和国森林法》、国务院《城市园林绿化条例》及全国绿化委员会《关于加强保护古树名木的决定》等法律、法规和文件规定，结合全国的实际，制定《全国古树名木普查建档技术规定》（以下简称《规定》）。

第二条　古树名木普查建档的主要目的是：了解我国古树名木资源总量、种类、分布状况，管护中的经验和存在问题；了解古树名木在生态、科研、人文、地理、旅游诸方面的价值；为制定古树名木保护措施提供科学依据。

第三条　古树名木范畴：一般系指在人类历史过程中保存下来的年代久远或具有重要科研、历史、文化价值的树木。古树指树龄在100年以上的树木；名木指在历史上或社会上有重大影响的中外历代名人、领袖人物所植或者具有极其重要的历史、文化价值、纪念意义的树木。

东北内蒙古国有林区、西南西北国有林区、森林公园和自然保护区生长的古树名木，不纳入本次普查建档范围。其他地区成片生长的大面积古树，划定“古树群”，纳入本次普查范畴。

第四条　古树名木的分级及标准：古树分为国家一、二、三级，国家一级古树树龄500年以上，国家二级古树树龄300～499年，国家三级古树树龄100～299年。国家级名木不受年龄限制，不分级。

第五条　组织领导

古树名木的普查建档工作由各级绿化委员会统一领导。各级要成立临时普查领导小组，成员由有关部门负责同志组成，其办公室可设在同级绿化委员会办公室内，负责统筹协调本地区各部门开展普查工作。

第六条　建档管理

各地普查结束，经普查领导小组审查定稿后，要形成完整的古树名木资源档案，实行计算机动态监测管理。古树名木档案每五年更新一次。

第二章　调查工作

第七条　技术培训

省（区、市）古树名木普查领导小组办公室统一组织本省各地及有关部门的普查技术培训，统一普查方法和技术标准。

第八条　工具材料准备

各地要根据古树名木的数量及工作量，确定普查人员数量，并配备普查设备和仪器。

第九条　过往资料搜集及社会调查。近年已做过正规普查的，要将原资料进行分析，尽量利用，对缺项因子，要认真进行补充调查。

第十条　普查以县（市、区）为单位，逐村屯、逐单位、逐株进行现地调查实测、填卡。填表字迹必须工整清晰。

第十一条　每木调查

1. 填写省（市、区）、市（地、州）、县（市、区）名称，调查号顺序由各乡镇（街道）统一定，填写阿拉伯数字。在各乡镇（街道）调查的基础上，全县古树名木统一编号。

2. 树种：无把握识别的树种，要采集叶、花、果或小枝制作标本，供专家鉴定。

3. 位置：逐项填写该树的具体位置，小地名要准确，是单位内的可填单位名称及部位。

4. 树龄：分三种情况，凡是有文献、史料及传说有据的可视作“真实年龄”；有传说、无据可依的作“传说年龄”；“估测年龄”估测前要认真走访，并根据各地制定的参照数据类推估计。

5. 树高：用测高器或米尺实测，记至整数。

6. 胸围（地围）：乔木量测胸围，灌木、藤本量测地围，记至整数。

7. 冠幅：分“东西”和“南北”两个方向量测，以树冠垂直投影确定冠幅宽度，计算平均数，记至整数。

8. 生长势：分五级，在调查表相应项上打“√”表示。枝繁叶茂，生长正常为“旺盛”；无自然枯损、枯梢，但生长渐趋停滞状为“一般”；自然枯梢，树体残缺、腐损，长势低下为“较差”；主梢及整体大部枯死、空干、根腐、少量活枝为“濒死”；已死亡的直接填写，死亡古树不进入全县统一编号，调查号要编，在总结报告中说明。

9. 树木特殊状况描述：包括奇特、怪异性状描述，如树体连生、基部分叉、雷击断梢、根干腐等。如有严重病虫害，简要描述种类及发病状况。

10. 立地条件：坡向分东、西、南、北、东南、东北、西南、西北，平地不填；坡位分坡顶、上、中、下部等；坡度应实测；土壤名称填至土类；紧密度分“极紧密”、“紧密”、“中等”、“较疏松”、“疏松”五等填写。

11. 权属：分国有、集体、个人和其他，据实确定，打“√”表示。

12. 管护责任单位或个人：根据调查情况，如实填写具体负责管护古树名木的单位或个人。无单位或个人管护的要予以说明。

13. 传说记载：简明记载群众中、历史上流传的对该树各种神奇故事，以及与其有关的名人逸事和奇特怪异性状的传说等，记在该树卡片的背页，字数300字以内。

14. 保护现状及建议：主要针对该树保护中存在的主要问题，包括周围环境不利因素，简要提出今后保护对策建议。

第十二条　调查古树群，按《古树群调查表》（表2）要求如实填写。

第十三条　树种鉴定，非疑难树种，由县（市、区）调查人员确定；调查人员无把握定名的疑难树种，野外填写《古树名木树种鉴定表》(表3)，并采集标本，由县（市、区）专业技术人员根据标本鉴定；县（市、区）无法确定的，标本送市（地、州）鉴定，以此类推。

第十四条　古树名木要用全景彩照，一株一照。古树群的古树，从三个不同角度整体拍照，不单株拍照。奇特怪异木要体现“奇”、“怪”特色。照片编号与古树名木编号要一致。

第三章　质量管理

第十五条　各地要建立健全古树名木调查建档工作质量管理和技术责任制度，加强调查质量的监督，逐级检查验收，发现问题及时纠正，切实把好调查建档工作质量关。

第十六条　各县（市）普查结束后，要进行自检。在自检合格基础上，市（地）要逐县（市）组织抽查。省（区、市）也要对各市（地、州）的普查结果进行抽查。抽查数量不少于普查总量的5%。

第十七条　普查工作质量等级评定

1. 优秀：树种鉴定正确率达95%以上，各项调查因子误差小于5%，树种及株数漏登率小于5%。

2. 良好：树种鉴定正确率达95%以上，各项调查因子误差小于5%，树种及株数漏登率小于10%。

3. 合格：树种鉴定正确率达95%以下、90%以上，各项调查因子误差小于10%，树种及株数漏登率小于10%。

4. 不合格：树种鉴定正确率在90%以下，各项调查因子误差大于10%，树种及株数漏登率大于10%。

第四章　资料汇总

第十八条　县（市、区）上报市（地、州）资料，应经县（市、区）普查领导小组审查论证。上报资料主要有：

1. 全部《古树名木每木调查表》、《古树群调查表》和对应照片。

2. 需要上级鉴定的树种标本和对应的《古树名木树种鉴定表》。

3. 《县（市、区）古树名木清单》（表4），从散生到古树群依次排序填写，对古树群要标明株数，树种填主要树种，年龄填平均值。古树和名木不能重复统计。古树名木清单中要剔除非古树名木和已死亡古树名木。

4. 县（市、区）古树名木普查总结五份。

第十九条　各市（地、州）在抽查合格后，向省（区、市）报送下列资料：

1. 全部《古树名木每木调查表》、《古树群调查表》和对应照片。

2. 需要上级鉴定的树种标本和对应的《古树名木树种鉴定表》。

3. 《市（地、州）古树名木清单》。

4. 市（地、州）普查总结五份。

原始数表必须上报省（区、市）普查领导小组办公室。

第二十条　各省（区、市）古树名木普查领导小组对各市（地、州）普查成果要严格审查、抽查，合格后向全国绿化委员会办公室报送如下资料：

1. 《国家一级古树名木每木调查表》（复印件）和平均年龄达500年以上的《古树群调查表》，并附相应彩照。

2. 《省（区、市）古树名木分类株数统计表》（表5，附软盘）。

3. 《省（区、市）古树名木名录》（表6，附软盘）。名录中的编号是对本省（区、市）全部建档古树名木的统一编号，其中包括古树群，一片古树群编一个号，在备注栏中标明“古树群”和株数。

4. 本省（区、市）古树名木普查工作总结报告（附省级质量检查报告）一式五份。

第五章　附　则

第二十一条　古树名木要由各省（区、市）统一编号、建档，实行计算机动态管理，并在各地建档的同时，一、二、三级古树名木分别由省（区、市）、市（地、州）、县（市、区）人民政府设立标牌，以资识别和保护。一片古树群设立一个标牌。标牌内容、式样由全国绿化委员会办公室统一制定，另行通知。

第二十二条　各省（区、市）可根据本地实际，制定实施细则或补充规定。

第二十三条　本规定由全国绿化委员会办公室负责解释。

表 1　古树名木每木调查表

______省　______市　______县（区、市）　　调查号

省（区、市）编号	树种	中文名：　　　别名：	
		拉丁名：	
		______科__属	
位置	______乡镇（街道）　___村（居委会）　___社（组、号）		
	小地名：		
树龄	真实树龄___年	传说树龄___年	估测树龄___年
树高	____米	胸围（地围）	____厘米
冠幅	平均___米	东西___米	南北___米
立地条件	海拔___米；坡向___；坡度___度；坡位___部		
	土壤名称：____；紧密度____		
生长势	①旺盛；　②一般；　③较差；　④濒死；　⑤死亡		
树木特殊状况描述			
权属	①国有；　②集体；　③个人；　④其他		原挂牌号：第___号
管护单位或个人			
保护现状及建议			
古树历史传说或名木来历：（有则记述于此）			
树种鉴定记载			

调查者：　　　　　日期：　　　　　审查者：　　　　　日期：

表 2　古树群调查表

________省　________市　________县（区、市）

地点		主要树种			
	四至界限				
面积	____公顷	古树株数	____株		
林分平均高度	________米	林分平均胸围（地围）	________厘米		
海拔	____ ~ ____米	坡度	____度	坡向	
土壤名称		土层厚度	_____厘米		
下木	种类：	密度			
管护现状					
人为经营 活动情况					
目的保护树种	______科______属				
管护单位					
保护建议					
备注					

调查者：　　　　　　日期：　　　　　　审查者：　　　　　　日期：

表 3　古树名木树种鉴定表

________省　________市（地、州）　________县（区、市）

标本采集记载	标本产地	________________乡（镇）　______村（屯） ________________路（街）　______号			
	调查号				
	采集人		采集日期	年　月　日	
	标本部位 （打“√”表示）	枝	叶	花	果

（续上表）

<table>
<tr><td rowspan="4">原处理记载</td><td colspan="2" rowspan="2">鉴定否（打“√”表示）</td><td rowspan="4">原鉴定</td><td>鉴定人</td><td></td><td>职称</td><td></td></tr>
<tr><td>日期</td><td></td><td>中文名</td><td></td></tr>
<tr><td>县</td><td>地</td><td>拉丁名</td><td colspan="3"></td></tr>
<tr><td></td><td></td><td>参考书</td><td colspan="3"></td></tr>
<tr><td colspan="8">鉴定记录</td></tr>
<tr><td colspan="2" rowspan="2">鉴定结果</td><td>中文名</td><td colspan="3"></td><td colspan="2">科　属</td></tr>
<tr><td>拉丁名</td><td colspan="5"></td></tr>
<tr><td colspan="2">鉴定摘要</td><td colspan="6"></td></tr>
<tr><td colspan="3">鉴定人</td><td></td><td>职称</td><td></td><td>日期</td><td>年　月　日</td></tr>
<tr><td colspan="2">备注</td><td colspan="6"></td></tr>
</table>

表 4　市（地、州）古树名木清单

________省（区、市）　________市（地、州）　________县（区、市）

序号	乡（镇）		树种	树龄	古树			名木	有无标本
	名称	调查号			一级	二级	三级		

表 5　____________省（区、市）古树分类株数统计表

单位	计	古树和名木					区域			位置					分布		
		计	一级	二级	三级	名木	计	城市	农村	计	单位庭院	个人宅院	寺院	其他	计	散生	群状
合计																	
××市																	

备注：“其他”指路（街）旁（中心）、桥边、河边、村头宅地、荒野、农田等处生长的古树名木。

表6 ____________省（区、市）古树名木名录

编号	中文名	别名	拉丁名	树龄	树高	胸围（地围）	冠幅	具体生长位置	管护单位（人）	备注

备注：树高、冠幅（平均值）计算单位为米；胸围计算单位为厘米；生长位置和管护单位要具体。

梅州市古树名木保护管理办法

第一条　为加强我市古树名木的保护管理，根据《野生植物保护条例》、《城市绿化条例》、《广东省城市绿化条例》、建设部《城市古树名木保护管理办法》（建城〔2000〕192号）以及全国绿化委员会《全国古树名木普查建档技术规定》等，结合本市实际，制定本办法。

第二条　本市行政区域内古树名木和古树后备资源的保护管理，适用本办法。

第三条　本办法所称古树，是指树龄在100年以上的树木。本办法所称名木，是指稀有珍贵树木、具有历史价值或者重要纪念意义以及重要科研价值的树木。本办法所称古树后备资源，是指树龄在50年以上、100年以下，有较大的保护价值，并经县级人民政府审核确认予以保护的树木。

第四条　市、县（市、区）人民政府城市绿化行政主管部门和林业行政主管部门是本辖区内古树名木保护管理工作的主管部门（以下简称“古树名木保护管理主管部门”），分别负责城市规划区内和城市规划区外（下称“农村”）的古树名木和古树后备资源的保护管理和监督检查。

第五条　古树名木归国家所有，法律、法规另有规定的除外，按下列规定实行分级保护管理：

（一）城市古树名木分为一级和二级，凡树龄在300年以上，或者特别珍贵稀有、具有重要历史价值和纪念意义及重要科研价值的古树名木，为一级古树名木；其余为二级古树名木。

（二）农村古树分三级管理，国家一级古树树龄500年以上，国家二级古树300年至499年，国家三级古树100年至299年。国家级名木不受树龄限

制，不分级。

第六条　古树名木保护管理主管部门，在本行政区域内按统一标准进行古树名木和古树后备资源的调查、鉴定、登记、编号、建立档案，并按下列规定设立标志牌：

（一）城市一、二级古树名木经省、市人民政府确认后，依照有关规定设立标志牌；

（二）农村一、二、三级古树名木分别经省、市、县（市、区）人民政府确认后，按有关规定设立标志牌；

（三）古树后备资源经县（市、区）人民政府确认后，由同级古树名木保护管理主管部门设立标志牌，并报市古树名木保护管理主管部门备案。标志牌式样由同级主管部门统一制定，以资识别和保护。

第七条　各级古树名木保护管理主管部门应在古树名木和古树后备资源周围醒目位置设立标牌，标明树木名称、科属、编号、树龄、保护级别、挂牌单位和日期；对有特殊历史、文化、科研价值和纪念意义的古树名木，应当有文字说明；对古树名木按实际情况制订养护、管理方案，落实养护责任单位、责任人。

第八条　古树名木保护管理主管部门应当会同同级规划部门，划定城市古树名木保护区，保护区范围为树冠垂直投影外 5 米。保护区内原有建筑物，根据实际有计划地逐步迁出保护区，新规划的建筑应当在保护区外。

建设单位在申请核发建设用地规划许可证和建设工程规划许可证时，涉及古树名木保护的，应当征求同级古树名木保护管理主管部门意见。其中对城市古树名木，应按国务院《城市绿化条例》、《广东省城市绿化条例》和建设部《城市古树名木保护管理办法》的规定进行处理。

第九条　古树名木和古树后备资源实行养护责任制，除法律、法规、规章另有规定外，按照属地管理的原则确定养护责任人：

（一）机关、部队、学校、社会团体、企业、事业单位用地范围内的古树名木和古树后备资源，养护责任人为所在单位；

（二）铁路、公路、水库、河道用地范围内的古树名木和古树后备资源，养护责任人为铁路、公路、水利部门或其委托的养护单位；

（三）公共绿地范围内的古树名木和古树后备资源，养护责任人为绿化管理部门或其委托的养护单位；

（四）城镇居民区内的古树名木和古树后备资源，养护责任人为居民委员会；

（五）农村集体土地上的古树名木和古树后备资源，养护责任人为村民委员会；

（六）寺观教堂所属范围内的古树名木和古树后备资源，养护责任人为宗教堂管会（寺管会）。

前款规定以外的古树名木和古树后备资源，养护责任人为所在市、县（市、区）的古树名木保护管理行政主管部门。

房屋拆迁范围内有古树名木或者古树后备资源的，建设单位应当按照本办法有关养护责任人的规定进行保护。古树名木或者古树后备资源在居民庭院内的，建设单位应依法给予原养护责任人适当的补偿。

第十条　古树名木保护管理主管部门应当与养护责任人签订养护责任书。

养护责任人发生变更的，应当到市、县（市、区）古树名木管理部门办理养护责任转移手续。

第十一条　古树名木保护管理主管部门应当制定古树名木和古树后备资源的养护技术规范。养护责任人应当按照养护技术规范养护古树名木和古树后备资源。

第十二条　古树名木保护管理主管部门应当加强对辖区内的古树名木保护管理工作的监督管理和技术指导，积极组织开展对古树名木的科学研究，推广应用科研成果，普及保护知识，提高保护和管理水平。

第十三条　古树名木和古树后备资源的日常管理与保护费用由所在市、县（市、区）政府承担，所需经费列入财政预算。保护管理经费用于对古树名木和古树后备资源的调查、科研、抢救、复壮、保护设施的建设、维修及日常管理。

鼓励单位和个人以捐资、认养等形式参与古树名木和古树后备资源的保护。

第十四条　古树名木保护管理主管部门应当按下列规定对古树名木和古树后备资源保护管理状况定期进行检查：

（一）名木和一、二级保护的古树每年 1 次；

（二）三级保护的古树和古树后备资源每两年 1 次。

在检查中发现树木生长有异常的，应当要求养护责任人采取相关保护措施。检查情况应载入古树名木和古树后备资源档案。

第十五条　在城市古树名木保护区内，应当采取必要的保护措施，发现危及古树名木正常生长、存活的，古树名木保护管理主管部门应当要求有关单位或者个人限期排除妨害。

第十六条　禁止擅自移植、砍伐城市古树名木。因特殊需要，确需移植城市古树名木的，应当按照法律、法规的有关规定履行审批手续。

古树名木移植及移植后 5 年内的养护，应当由专业绿化养护单位进行。

古树名木的移植费用及移植后5年内的养护费用由申请移植的单位或者个人承担。

第十七条　禁止下列损害城市古树名木的行为：

（一）在树上刻画、张贴或者悬挂物品；

（二）在施工等作业时借树木作为支撑物或者固定物；

（三）攀树、折枝、挖根摘采果实种子或者剥损树枝、树干、树皮；

（四）距树冠垂直投影5米的范围内堆放物料、挖坑取土、修建建筑物或者构筑物、铺埋管线、倾倒有害废渣废液、动用明火或者排放烟气；

（五）法律法规规定的其他行为。

第十八条　违反本办法的，由古树名木保护管理主管部门根据《森林法》、《野生植物保护条例》、《城市绿化条例》、《广东省城市绿化条例》、建设部《城市古树名木保护管理办法》等给予处罚。

第十九条　违反本办法规定，损坏古树名木和古树后备资源及相关设施的，应依法赔偿损失。

第二十条　古树名木保护管理主管部门工作人员因玩忽职守、滥用职权、徇私舞弊，致使古树名木和古树后备资源损伤或者死亡的，依法给予行政处分；构成犯罪的，依法追究刑事责任。

附录二　梅江古树调查统计表

附表 1　梅江古树名木调查表——（1）长沙镇

编号	树种	别名	地点	树围（厘米）	树高（米）	冠幅（米）	年龄（年）	数量
001	阿丁枫	蕈树	大密村十一社油湖里屋对门	275	22	23	150	4 株
002	阿丁枫	蕈树	大密村十一社油湖里	280	23	30	150	1 株
003	阿丁枫	蕈树		330	28	28	150	1 株
004	阿丁枫	蕈树		245	21	19	150	6 株
005	红锥	赤椽		242	22	20. 5	130	3 株
006	阿丁枫	蕈树	大密村十一社油湖里控下	336	26	25	150	2 株
007	阿丁枫	蕈树	大密村十一社下樟坑猪坑口	225	23	22	120	1 株
008	木荷	荷树	大密村十二社上樟坑黄屋背	245	19	18	130	2 株
009	阿丁枫	蕈树	大密村十二社上樟坑阙屋背	290	21	20. 5	130	6 株
010	阿丁枫	蕈树	大密村十三社猴母坑	215	21	20. 5	110	1 株
011	阿丁枫	蕈树		260	22	21	130	4 株
012	阿丁枫	蕈树		285	23	24	150	1 株
013	樟树	香樟	大密村十三社刘禾畲	318	23	20	150	1 株
014	枳椇	笔九树		213	20	22	120	2 株
015	枫香	枫树		251	23	24	120	2 株
016	木荷	荷树		247	22	22	140	3 株
017	阿丁枫	蕈树		224	20. 5	22	130	1 株
018	阿丁枫	蕈树		285	22	21	150	2 株
019	阿丁枫	蕈树		260	23	24	120	1 株
020	罗浮栲	白椽	大密村十四社点灯坳	260	19	21	120	1 株
021	阿丁枫	蕈树	大密村十五社下埕邓屋背	250	25	26	130	3 株

（续上表）

编号	树种	别名	地点	树围（厘米）	树高（米）	冠幅（米）	年龄（年）	数量
022	枫香	枫树	大密村十五社下埕邓屋背	220	25	16	130	1 株
023	红锥	赤椽		235	25	21	130	4 株
024	阿丁枫	蕈树		252	23	20	130	1 株
025	阿丁枫	蕈树		283	25	24	150	1 株
026	木荷	荷树	大密村十五社黄惊湖	253	23	24	130	2 株
027	红锥	赤椽		265	19	18	130	1 株
028	罗浮栲	白椽	大密村十六社黄屋背	265	21	23	120	2 株
029	阿丁枫	蕈树	大密村十六社学堂背	280	21	22	130	2 株
030	阿丁枫	蕈树	大密村十六社邓屋背	243	19	19	125	6 株
031	罗浮栲	白椽		275	19.5	21	120	3 株
032	红锥	赤椽		245	21	19	120	4 株
033	藜蒴	牛包衣		215	18	20.5	120	2 株
034	木荷	荷树		238	19	16	120	4 株
035	红锥	赤椽		240	21	17	130	4 株
036	罗浮栲	白椽		223	19	19	115	3 株
037	阿丁枫	蕈树		197	19	18	110	3 株
038	红锥	赤椽		265	22	23	130	1 株
039	阿丁枫	蕈树	大密村十七社杨石祭下	251	21	20	130	1 株
040	马尾松	松树	小密村大坑二社杨梅湖	212	23	18	120	1 株
041	木荷	荷树		232	21	20.5	120	1 株
042	阿丁枫	蕈树		260	19.5	19.5	120	1 株
043	马尾松	松树	小密村大坑三社松光洞	203	19	17	110	1 株
044	阿丁枫	蕈树	小密村大坑六社老虎坪	253	20.5	21	130	1 株
045	阿丁枫	蕈树	小密村大坑八社高南竹坪	321	19.5	19.5	130	1 株
046	阿丁枫	蕈树	上陈村上村溜湖顶	223	19	22	140	2 株
047	阿丁枫	蕈树		326	23	24	140	1 株
048	阿丁枫	蕈树		265	23	21	140	1 株

（续上表）

编号	树种	别名	地点	树围（厘米）	树高（米）	冠幅（米）	年龄（年）	数量
049	木荷	荷树	上陈村上村溜湖顶	265	20.5	22	130	2株
050	罗浮栲	白椽		223	22	20	120	1株
051	红锥	赤椽		286	17.3	19.5	150	1株
052	红锥	赤椽		330	23	19.5	150	1株
053	马尾松	松树		243	16.5	17.5	120	1株
054	马尾松	松树	上陈村上村观音埂	208	20.5	19.5	150	2株
055	马尾松	松树	上陈村上村公王埂	205	28	18	130	2株
056	阿丁枫	蕈树	上陈村中村神埂脚下	320	25	21	160	2株
057	木荷	荷树	上陈村中村江屋坑口	260	20.5	16.5	130	4株
058	马尾松	松树		225	23	19	130	4株
059	枳椇	笔九树		235	25	21	130	1株
060	阿丁枫	蕈树		247	22	24	130	1株
061	枫香	枫树	上陈村下村黄泥坑江屋	241	22.5	23	120	1株
062	马尾松	松树		212	23	20.5	120	1株
063	枫香	枫树	上陈村下村黄泥坑熊屋	272	26	27	110	2株
064	阿丁枫	蕈树	上陈村上罗双门路	262	23	38	120	1株
065	马尾松	松树		251	19.5	26	120	1株
066	枫香	枫树	上陈村上罗徐郑	280	25	24	130	1株
067	木荷	荷树	上陈村上罗刘蓝坳背	220	22	25	110	1株
068	马尾松	松树	上陈村上罗兰林	180	21.5	25	105	1株
069	榕树	细叶榕	上陈村上罗寨	532	21	38	150	1株
070	木荷	荷树	下罗宴坑严屋背	241	23	23	150	1株
071	木荷	荷树	澄滩村滩下一社岭下祖屋背	243	25	22.5	130	1株
072	龙眼树	桂圆	澄滩村滩下四队高埂上	185	15	21.5	105	1株
073	龙眼树	桂圆		212	15	20.5	130	1株
074	橄榄树	白榄	澄滩村滩下四队	210	25	19	120	1株
075	樟树	香樟	澄滩村上排	287	16	16	140	1株

（续上表）

编号	树种	别名	地点	树围（厘米）	树高（米）	冠幅（米）	年龄（年）	数量
076	木荷	荷树	澄滩村上排	245	23	26.5	150	1 株
077	枫香	枫树		273	21	28	120	1 株
078	樟树	香樟	澄滩村墩下	325	19	40.5	140	1 株
079	木荷	荷树		226	23	22.5	120	1 株
080	榕树	细叶榕	长沙村社井头石子塘	537	10.5	37.5	200	1 株
081	榕树	细叶榕	长沙村下黄洞江屋	520	23	27	180	1 株
082	橄榄树	白榄	井头村荷树排	220	25	19	120	1 株
083	枫香	枫树		326	28	36	160	1 株
合计								149 株
调查时间：2009 年　调查单位：嘉应学院生命科学学院、梅江区林业局								

附表 2　梅江古树名木调查表——（2）城北镇

编号	树种	别名	地点	树围（厘米）	树高（米）	冠幅（米）	年龄（年）	数量
001	罗浮栲	白椽	玉西村黄竹堂祖屋背	215	14.5	5.8	100	35 株
002	榕树	细叶榕	玉水村一社菱角塘	685	8	22	100	1 株
003	桂花	月桂	玉水村玉水小学	205	8.5	6.5	100	1 株
004	秋枫	常绿重阳木		210	11.5	9.5	100	1 株
005	油栗	板栗	玉水村二社下角屋	330	8	8	100	2 株
006	油栗	板栗		280	7.5	6	100	3 株
007	橄榄树	白榄		220	11	7.5	100	2 株
008	枫香	枫树	玉水村二社富板塘	210	15	4.5	100	1 株
009	广东箣柊	凿子树		220	13	8.5	100	2 株
010	红鳞蒲桃	红车木		185	12	5	100	1 株
011	罗浮栲	白椽	玉水村二社连塘尾	225	15.5	4.5	100	3 株
012	罗浮栲	白椽		140	15	4.5	100	5 株

（续上表）

编号	树种	别名	地点	树围（厘米）	树高（米）	冠幅（米）	年龄（年）	数量
013	罗浮栲	白椽	玉水村四社上水坑	175	13	5	100	3 株
014	潺槁树	青胶木		205	13	5. 5	100	3 株
015	榕树	细叶榕		805	18. 5	27	100	1 株
016	朴树	青朴	玉水村四社——低坡	190	8. 5	6. 5	100	1 株
017	枫香	枫树		240	13	7	100	1 株
018	枫香	枫树	玉水村六社丘屋背	350	25	7	100	1 株
019	马尾松	松树	玉水村六社竹子排	350	21	4. 5	100	1 株
020	木棉	英雄树	扎上村黎屋角	320	17	8. 5	100	1 株
021	桂花	月桂	扎上村灵鹫庙	185	9	8	200	1 株
022	榕树	细叶榕	扎下村十三社山子下	240	8. 5	7. 3	100	1 株
023	榕树	细叶榕	干才村仙审将军排	520	7	20	100	1 株
024	枳椇	笔九树	干才村仙审屋门口	145	8. 5	4. 5	100	1 株
025	枫香	枫树		320	11	6	100	1 株
026	黑壳楠	楠木		235	13. 5	6. 5	100	3 株
027	香椿	山椿		100	14	6	100	1 株
028	龙眼树	桂圆	干光村西桥黎屋背	200	7. 5	6. 2	100	1 株
029	马尾松	松树	群益村桃上坳背	220	16	4. 5	100	1 株
030	白桂木	将军树	群益村桃李下桃沅墩口	220	25	5. 5	150	1 株
031	榕树	细叶榕		620	22	23	150	2 株
032	榕树	细叶榕		580	23	20	150	1 株
033	山牡荆	山布荆		185	8	10	150	1 株
034	豺皮樟	山樟		160	10	16	150	1 株
035	广东箣柊	凿子树		165	10	12	150	1 株
036	红鳞蒲桃	红车木	群益村横溪	230	8	10	100	1 株
037	软荚红豆	花梨木		196	12	10	130	1 株
038	枫香	枫树	群益村桃下公王迹	180	10	8	100	1 株
039	榕树	细叶榕	群益村桃下伯公前	650	24	25	100	1 株

（续上表）

编号	树种	别名	地点	树围（厘米）	树高（米）	冠幅（米）	年龄（年）	数量
040	榕树	细叶榕	黄明村第九社	470	11.5	11	100	1 株
041	马尾松	松树	三村老虎坳下	170	17.5	4.5	100	2 株
042	枫香	枫树		210	15	8	100	3 株
043	石斑木	尖梅花		180	8	6	100	1 株
044	马尾松	松树	岭上村跌马寨	220	6.5	4.5	100	1 株
045	榕树	细叶榕	岭上村刘屋伯公亭	250	12.5	6.5	100	2 株
046	枫香	枫树	上村一社汀龙坑	205	13	3.8	100	2 株
047	榕树	细叶榕		230	12	4.5	100	2 株
048	龙眼树	桂圆	中村陈屋背	140	7	2.8	100	1 株
049	龙眼树	桂圆	塔下六社龙眼树下	105	4.8	2.8	100	8 株
050	龙眼树	桂圆	黄留村镇政府内	170	7.5	4.5	100	1 株
051	榕树	细叶榕	黄留村镇政府侧	410	16	15.5	100	1 株
052	龙眼树	桂圆	黄留村镇政府侧林屋	190	8.5	6.5	100	1 株
053	侧柏	扁柏	银营村银营小学内	195	8.5	4.8	100	2 株
054	桂花	月桂		185	7.5	5	200	1 株
055	枫香	枫树	银营村十社高排下	225	21	2.65	100	1 株
合计								121 株
调查时间：2009 年 调查单位：嘉应学院生命科学学院、梅江区林业局								

附表 3 梅江古树名木调查表——（3）城区

编号	树种	别名	地点	树围（厘米）	树高（米）	冠幅（米）	年龄（年）	数量
001	榕树	细叶榕	市人民医院	670	28.5	27.8	100	1 株
002	白兰	白兰花		500	29	24.5	150	2 株
003	木棉	英雄树		200	37	12.5	100	1 株
004	大叶合欢	夜合树		230	25.5	21.2	100	1 株
005	榕树	细叶榕	学宫	350	23.7	22.4	250	1 株
006	秋枫	常绿重阳木		300	20.3	17	200	5 株

（续上表）

编号	树种	别名	地点	树围（厘米）	树高（米）	冠幅（米）	年龄（年）	数量
007	榕树	细叶榕	文化公园	250	12.3	8.5	100	2 株
008	苹婆	凤眼果		520	18.8	23.3	150	2 株
009	梅花	春梅		190	7.5	7.3	120	3 株
010	榕树	细叶榕	月梅村委会	310	14	45.2	150	1 株
011	梧桐树	青桐	广益中学	180	21.7	18	100	1 株
012	凤凰木	红花楹树		195	13.4	17	100	1 株
013	朴树	青朴		190	18.7	20	100	2 株
014	榕树	细叶榕	市公路局	210	15	17	100	1 株
015	榕树	细叶榕	205 国道西山村	210	18	15	120	1 株
016	榕树	细叶榕	狮子浪口	350	9	8	100	1 株
017	榕树	细叶榕	梅江区政府	230	7	6.5	100	2 株
018	菩提榕	菩提树	金山蓝塘村天字岌	553	22	26	100	1 株
019	樟树	香樟		160	9	6	100	2 株
020	米兰	米仔兰		60	3.8	4	100	1 株
021	海枣	伊拉克蜜枣		100	8	3	100	2 株
022	假槟榔	亚历山大椰子		65	12	2.5	100	7 株
023	猴子杉	猴犯愁		80	8	7	100	1 株
024	柏木	垂柏		90	11	8	100	1 株
025	罗汉松	罗汉杉		85	8	5.5	100	1 株
026	腊肠树	牛角树		95	7	6	100	1 株
027	菩提榕	菩提树	华侨中学	680	26.7	28.8	100	2 株
028	白兰	白兰花		110	11	8	100	1 株
029	白兰	白兰花	乐育中学	280	25.5	22.6	100	1 株
030	桂花	月桂		225	11.5	12.7	100	2 株
031	红花羊蹄甲	洋紫荆		220	15.1	15.5	100	1 株
032	木荷	荷树	金山街道办周溪村蓝塘	115	13	11	120	1 株

（续上表）

编号	树种	别名	地点	树围（厘米）	树高（米）	冠幅（米）	年龄（年）	数量
033	白兰	白兰花	梅州中学	110	10	7	100	1 株
034	木棉	英雄树		110	12	6.5	100	1 株
035	秋枫	常绿重阳木		215	20.6	12	150	4 株
036	夜合花	木莲	黄遵宪故居	40	3.7	2.3	100	2 株
037	木棉	英雄树	东山书院	225	18.37	13.5	150	3 株
038	柠檬桉	香桉		310	38.7	22.7	100	4 株
039	大叶桉	蚊仔树		280	37.7	18	100	1 株
040	木棉	英雄树	赤岌岗	150	15	8.5	100	1 株
041	秋枫	常绿重阳木	嘉应学院	120	11	8	100	3 株
042	大叶合欢	夜合树		140	16	9	100	1 株
043	柚木	胭脂木		100	13	7	100	2 株
044	土蜜树	逼迫仔	嘉应桥头公园	125	13	14.7	100	2 株
045	潺槁树	青胶木		180	13.5	14.5	100	2 株
046	朴树	青朴		240	17.2	19	100	1 株
047	大叶合欢	夜合树	江北公园路	230	16	11	100	1 株
048	樟树	香樟	五洲城汽车客运站	250	11	10	100	1 株
049	樟树	香樟	梅州高级中学	215	20.5	25.5	100	2 株
050	海枣	伊拉克蜜枣		125	12	8.5	100	1 株
051	柚木	胭脂木	城北会文学校	200	27.7	9.1	100	9 株
052	柠檬桉	香桉		230	28.7	13	100	1 株
053	米兰	米仔兰	联合中学	110	8.7	8.6	100	2 株
054	柠檬桉	香桉	三角塘黄坭墩 1 号	100	11	7	100	1 株
055	木荷	荷树	金山街道办黄坑村	100	14	9	110	1 株
056	枫香	枫树	金山蓝塘周溪河边	100	18	10	100	1 株
057	橄榄树	白榄	金山办—金丰村祥云庵	100	18	8.5	100	2 株
058	枫香	枫树	金山办—金丰村观音庵	100	20	12	120	3 株

（续上表）

编号	树种	别名	地点	树围（厘米）	树高（米）	冠幅（米）	年龄（年）	数量
059	木荷	荷树	金山办—金丰村三姓	100	18	14	180	1 株
060	枫香	枫树		100	21	10	140	1 株
061	红鳞蒲桃	红车木		100	12	8	110	1 株
062	桂花	月桂	金山办—金丰村三姓	100	13	9	100	1 株
063	大叶合欢	夜合树	金山办龙丰佛塔后路边	100	12	10	120	1 株
064	梅花	红梅	金丰村边潮塘	130	10	10	450	1 株
065	银杏	公孙树		380	16	12	150	1 株
066	榕树	细叶榕	剑英公园	400	14.5	17.5	110	3 株
067	苏铁	铁树		70	4	2	100	1 株
068	榕树	细叶榕	三角镇宫前村长冈小学	510	18.5	32	300	1 株
069	龙眼树	桂圆	三角镇中环路侯屋	150	12	8	100	1 株
070	榕树	细叶榕	江南团结路	450	21	18	150	1 株
071	木棉	英雄树	三角镇梅塘五队侯屋	820	45	40.5	150	1 株
072	加拿利海枣	长叶刺葵	鸿都广场	315	11.5	7	100	2 株
073	梅花	红梅	三角镇“客天下”	90	4.5	4	300	1 株
074	桂花	月桂		80	5.5	2.5	200	2 株
075	山牡荆	山布荆	湾嘴塘	80	3	3.5	100	1 株
076	乌桕	木梓	泮坑龙头嘴	100	12	6	120	1 株
077	木荷	荷树	泮坑沙缺	100	15	8	130	2 株
078	檫木	桐梓树	泮坑一队透水塘	100	13	10	80	1 株
079	石斑木	尖梅花		100	10	5	90	1 株
080	红鳞蒲桃	红车木		100	10	6	50	1 株
081	台湾相思	台湾柳	泮坑水库	100	12	8	130	1 株
082	木荷	荷树	泮坑水库尾	100	18	8	150	1 株
083	白桂木	将军树	泮坑田子庵	100	15	11	120	1 株
合计								136 株
调查时间：2009 年 调查单位：嘉应学院生命科学学院、梅江区林业局								

附录三　梅江古树种类数量统计

单位：株

序号	科	属	树种	长沙	城北	城区	合计
01	苏铁科	苏铁属	苏铁	0	0	1	1
02	银杏科	银杏属	银杏	0	0	1	1
03	松科	松属	马尾松	14	5	0	19
04	罗汉松科	罗汉松属	罗汉松	0	0	1	1
05	南洋杉科	南洋杉属	猴子杉	0	0	1	1
06	柏科	柏木属	柏木	0	0	1	1
		侧柏属	侧柏	0	2	0	2
07	木兰科	含笑属	白兰	0	0	5	5
		木兰属	夜合花	0	0	2	2
08	樟科	樟属	樟树	3	0	5	8
		木姜子属	潺槁树	0	3	2	5
			豺皮樟	0	1	0	1
		檫木属	檫木	0	0	1	1
		胡椒属	黑壳楠	0	3	0	3
09	大风子科	箣柊属	广东箣柊	0	3	0	3
10	金缕梅科	枫香属	枫香	9	11	5	25
		蕈树属	阿丁枫	59	0	0	59
11	榆科	朴属	朴树	0	1	3	4
12	桑科	榕属	榕树	3	14	15	32
			菩提榕	0	0	3	3
		菠萝蜜属	白桂木	0	1	1	2

（续上表）

序号	科	属	树种	长沙	城北	城区	合计
13	壳斗科	栲属	罗浮栲	10	46	0	56
			红锥	19	0	0	19
			藜蒴	2	0	0	2
		栗属	油栗	0	5	0	5
14	山茶科	木荷属	木荷	23	0	6	29
15	木棉科	木棉属	木棉	0	1	7	8
16	梧桐科	梧桐属	梧桐树	0	0	1	1
		苹婆属	苹婆	0	0	2	2
17	蔷薇科	李属	梅花	0	0	5	5
		石斑木属	石斑木	0	1	1	2
18	含羞草科	合欢属	大叶合欢	0	0	4	4
		金合欢属	台湾相思	0	0	1	1
19	苏木科	凤凰木属	凤凰木	0	0	1	1
		决明属	腊肠树	0	0	1	1
		羊蹄甲属	红花羊蹄甲	0	0	1	1
20	蝶形花科	红豆属	软荚红豆	0	1	0	1
21	楝科	米仔兰属	米兰	0	0	3	3
		香椿属	香椿	0	1	0	1
22	桃金娘科	桉属	柠檬桉	0	0	6	6
			大叶桉	0	0	1	1
		蒲桃属	红鳞蒲桃	0	2	2	4
23	大戟科	秋枫属	秋枫	0	1	12	13
		土蜜树属	土蜜树	0	0	2	2
		乌桕属	乌桕	0	0	1	1
24	鼠李科	枳椇属	枳椇	3	1	0	4
25	无患子科	龙眼属	龙眼树	2	12	1	15

（续上表）

序号	科	属	树种	长沙	城北	城区	合计
26	马鞭草科	柚木属	柚木	0	0	11	11
		牡荆属	山牡荆	0	1	1	2
27	橄榄科	橄榄属	橄榄树	2	2	2	6
28	木犀科	木犀属	桂花	0	3	5	8
29	棕榈科	刺葵属	海枣	0	0	3	3
			加拿利海枣	0	0	2	2
		假槟榔属	假槟榔	0	0	7	7
合计	29	48	54	149	121	136	406

参考文献

1. 傅立国等．中国高等植物［M］．青岛：青岛出版社，2005.

2. 刘剑．浅探古树名木保护及养护管理［J］．现代园林，2008（7）．

3. 赖钟雄，李焕苓．古树名木基因资源的挖掘与利用［J］．古树名木，2007（5）．

4. 刘东明，王发国，陈红锋等．香港古树名木的调查及保护问题［J］．生态环境，2008，17（4）．

5. 吴先基，蓝学政，颜少华等．平远县古树资源调查初报［J］．广东林业科技，2006，22（1）．

6. 李爱英，邓鉴锋．浅议广东省古树名木的保护与管理［J］．中南林业调查规划，2004，23（2）．

7. 国家环境保护局，中国科学院植物研究所．中国珍稀濒危保护植物名录（第一册）［M］．北京：科学出版社，1987.

8. 陈里娥，余世孝，缪汝槐．广东省国家级珍稀濒危保护植物及其分布［J］．热带亚热带植物学报，1997，5（4）．

9. 何梅华，丘波．梅州市区古树名木的调查研究［J］．农业科技与信息（现代园林），2009（6）．

10. 王洪波，杨铁东．浅谈古树名木生长不良的原因和保护措施［J］．华东森林经理，2005，19（2）．

11. 叶建兴，杨胜先．海口市古树名木现状及其保护对策［J］．中国城市林业，2007，5（1）．

12. 王宗．梅州城区古树名木保护规划研究［J］．科技资讯，2008（18）．

13. 薛彪，陆德孝．古树名木与保护性研究［J］．安徽林业，2008（4）．

14. 中国科学院南方山区综合科学考察队第四分队．广东省梅县地区综合科学考察报告集．1986.

后 记

夏日炎炎，树木森森，我们跋山涉水，调查古树。如果说梅江河畔散布的客家围屋是客家人的精神家园，承载着客家人的回忆和梦想，那么梅江秀色山川生长的古树便是反映客家人千百年来创造新天地的时钟，每一个年轮都记录着梅州人居环境的变迁与发展历程。我们感受到了梅江山川的钟灵毓秀，感受到了客家人的文化底蕴。

有感而作文如下，是为后记。

秀色梅州，文化古城

"高高阴那山，悠悠梅江水。山歌过彩云追，客家的风光，好比酒一杯，梦里醉我千百回。"这是素有"世界客都"之称的梅州经历蜕变后的真实写照。颇具特色的自然生态、人文景观和厚重的历史积淀，给这座拥有超凡魅力的山城蒙上了一层神秘的面纱，朴素而不俗套，精彩而不炫目，不由得使人在心底涌出一股激情，顿生向往之感。众多景点经过不断的改造完善，规模更大，品味更高，内涵更深，吸引了客人的眼球，也定格了梅州的视线，使梅州迎来了"世界客都放光彩，客家山水迎客来"的繁华景象。

一群居住在南方山地的中原汉族，一支对世界文明作出贡献的东方民系，一幅波澜壮阔、可歌可泣的中国移民画卷……这就是大家熟悉而又陌生的"客家人"。梅州，这片位于闽粤赣交界处的神奇土地，作为客家民系的最终形成和最大的聚居地，是当之无愧的"世界客都"。念我先祖跋山涉水躲避战乱，经过了无数艰难险阻，才选择了梅州这片秀色的山地，垦山开荒，生息繁衍。正因为这些磨炼，客家人逐渐形成了勤劳俭朴、崇文重教、爱国爱乡、重义轻利、勇于开拓的传统特性。梅州人传承了先祖重文的传统，广建教育基地，城里的大街小巷无不飘散着浓郁的书卷味，处处呈现着文化名城的色彩。

“客归故里尤是客，家居四海斯为家。”走出家门的一代又一代子孙怀着清晰的目标，足迹踏遍天涯海角，在世界五大洲创出一片天地。但土楼又濡染了游子的心，客家游子虽立业异乡，却仍不忘寻根祭祖，他们观光旅行、投资兴业，表现了客家人心系祖地、走遍天涯不忘根的广阔胸襟。

曾经贫穷落后的梅州如今是一座正在迅速崛起的城市，城区内一片欣欣向荣的景象，航空四通八达，铁路干线繁多，公路便捷通畅。在四周葱茏青山的簇拥下，众多的河流在城市中央穿过，清澈的河水衬托着两岸如林的大厦，繁荣的街道，满是灵气。驱车在宽阔的东山大桥上，举目可及秀山尖塔，俯视可见清水轻舟，拔地而起的高楼大厦张霓簇彩，繁华而不喧闹。一辆辆轿车在宽阔、洁净、明亮的大道上川流不息，一派繁荣的景象尽收眼底。在城市工业建设发展红火的同时，农业生产也在有序地进行着，如今的梅州已经成为田畦稻谷翻浪、山岭柚果飘香的农业大市了。

梅城地形奇特，乃粤东地区的奇葩。韩江、梅江、汀江等穿梭其中，两岸风光无限。雾之仙女赋予梅州无限的诗意，使她情趣盎然；雨之少女，洗涤了梅州的风尘憔悴，使她潇洒逸然；风之舞女，给予梅州以快意的清凉，使她气质脱俗。如此怡人的气候条件，使梅州变成一个稻香遍野、茶果满山、充满欢声笑语的美丽家园。矿藏棋布，生态资源丰富，野生动物满山走，珍稀植物处处有，确实是山清水秀、人杰地灵之地。

城区内景色优美，人文气息厚重，宜居宜业。梅水穿城而过，山水相依，错落有致，千山峻岭环绕，万木争荣苍翠，绿在城中，城在绿中，恰似一幅精美的园林图画。这里是绿林的海洋，每一片绿叶饱含春色的光泽。绿在这里随处可见，无处不在，给予了梅州亮丽的衣裳和飞翔的翅膀。它是发展之歌的音符，它是如画景色的渲染，它是美好生活的情调。在这里，“草终冬而不枯，花非春而常放”，一年四季绿树成荫，花果飘香。春看花——梨花白，杜鹃红，万花争奇斗艳；夏避暑——清风爽，峰峦翠，山泉流水叮咚；秋观叶——松柏绿，红叶赤，漫山层林尽染；冬赏梅——满城青，梅花艳，千姿百态尽呈现。

锦绣的梅城呈现出百态千姿的布局神韵，在自然与环境的稿笺上，每一笔都是智慧与灵魂的飞跃。这里自然风光秀丽，人文风光脱俗，厚实的文化积淀加上旖旎的自然风光，质朴而不张扬。巍峨的阴那山，被弯曲的梅江水三面包围，山岩峻峭，涧壑幽深，千峰竞秀，万木争荣，从远处望，“五峰连峙，状如火焰，崔巍高耸”，甚为壮观。山中奇花异草甚多，盛开的杜鹃花，红黄白紫各色俱全；至于兰花，则深谷幽香，不胜娇美；夹岸野姜，花如雪蝶，香气馥郁。春来则桃卉芳菲，以迎佳客；夏秋至则紫薇花放，惹人意兴。再加上山中凉风吹絮，翠谷鸟鸣，古木交织，更为惹人情思。泮坑旅游度假村也尽显一派生态盎然：区内的泮坑水库，湖面宽阔，波光粼粼，湖岸的绿树在碧绿湖水的映照下，更显得娇艳欲滴，令人流连忘返；泮坑长廊山花灿烂，林木蓊郁，满眼锦绣；泮坑瀑布从山顶上倾泻而下，注入沉静碧绿、水质清冽的潭中，虽没有大瀑布的宏伟大气，却不乏小家碧玉的别样诱人，瀑布水质纯洁，流水虽不大却奔腾不息，仰对云天而无愧。百岁山乃以运动健身为主题的青山，空气清新，环境静谧，是人们闲时娱乐健身的天然氧吧。雁南飞坐落于阴那山麓，四周群山环抱，山峦起伏，终日云雾缭绕，土壤深厚肥沃，地被种类丰富，生态保护良好，茶香飘逸，山景怡人。“林花经雨香犹在，芳草留人意自闲”，雁鸣湖天蓝、山青、水绿，鸟语花香，空气清新，达到了“天人合一”的美学意境，创造出和谐的生态景域。

梅州历史悠久，人文景观丰富多彩，独具特色，叶帅故居坐落于梅县雁洋镇，这里依山傍水，林木葱茏，是集展现伟人风范、进行爱国主义教育、展示客家传统文化、发展生态旅游于一体的红色旅游景区。黄遵宪故居人境庐精巧别致，整个建筑高低相称，疏密得宜，绝无拥堵之感，达到了“步移景异”之效。庐内曲径回栏，花木掩映，景致清雅，采用分割空间、对比借景等手法建筑，屋宇参差，主次分明，和谐统一，宛如“世外桃源”。作为梅州独具特色的园林式宅第，庐舍既具有客家古风典雅之特色，又有日本园林建筑之风韵，进入人境庐，就会感到这是别开生面的文化景观。位于阴那山麓的千年古刹灵光寺前的两棵柏树，一生一死，生者高30多米，枝繁叶茂，傲然挺立，死者高度相当，干大枝壮，枯死而不腐不朽。山披绿袈裟，寺闻读禅声，这古柏的故事，醉了多少远道而来的游客。登临大东岩山顶上著名的文物保护单位千佛塔，可以观赏千佛相竞，品味佛道之深。

梅江水养育着一代代的梅州人，灌溉着一寸寸的土地。过去，由于生活艰难，路上交通不便，多少祖辈先民，就借此一江之水，买舟出海，远走异国他乡。亲人别离，水天相隔。天涯海角的游子和家乡的骨肉亲人，魂牵梦萦的也是这一湾悠悠江水。然而今天的梅江边已筑起了坚固的绿色长廊，使居民远离水患，生态环境得到有效的改善，一幅绚丽的画卷在梅江两岸徐徐展开。改造后的“一江两岸”，形成了梅州市区内最美的风景线，人们用“一江两岸美如画，犹如仙境在人间”来形容她的秀美。《瞭望》杂志有一篇好报道，称她是“一幅流动的水墨画”。凌空而架的梅江桥、东山大桥、梅州大桥、秀兰大桥、嘉应大桥、剑英纪念大桥六座大桥连同程江在梅江入口处的德龙大桥，像一道彩虹，与碧波荡漾的梅江水相辉映，构成一幅“绿中城，城中水”的碧水连天的飘逸画卷。这几条蛟龙把湖面分成几个犹如江南才子唐伯虎绘制的扇面；两岸大堤，沿河大道，犹如少女胸前的项链，那么迷人；沿江两岸的梅花式路灯，就是镶嵌在项链上的“宝石”，闪闪发亮；两岸上绿树成荫，花坛亭榭，是多么和谐自然。

清晨，人们在这里锻炼、歌咏、舞蹈、交友；晚上，人们在这里散步、观赏风景，释放一天的疲惫之感。凭河眺望，远处的青山苍翠清幽，当微风轻拂的时候，隐隐约约，你似乎能够闻到树木和青草的味道。饱经沧桑的“一江两岸”，在干部群众的汗水和智慧下，塑造成梅州历史文化名城中一道亮丽的风景线。每当夜幕降临，两岸华灯竞放，霓虹闪烁，梅江河中浮光跃金，满河之彩，母亲河显得更加青春娇媚。无论是海外游子，还是各地游客嘉宾，来梅城后，都喜欢到梅江河畔旅游观光。

深邃的历史遗迹丰富而美丽，让人沉浸其中，流连忘返，其中客家特色建筑围龙屋更是让客家人引以为豪，是世界各地人们都欲一睹为快的建筑奇迹。客家围龙屋，是客家人传统的屋式，有着奇特的结构和合理的布局，被国内外建筑学家列为中国五大传统民居建筑之一。它们历经风雨洗刷，台风袭击，至今依然安然无恙，巍然屹立在峻岭之中。目前，梅州城区里的各大园林都融入了客家传统民居的元素，到处展现出古城的风韵。虽说客家的移民是充满了无奈与被动的，但我们不得不承认的是：正是移民使客家人团结起来，使客家的建筑围起来；正是移民过程中的艰辛与危险使围龙屋充满了智慧；也正是移民造就了客家围龙屋这一中国古建筑奇葩。

梅州城内客家民俗淳朴浓重，积淀深厚，在发展的过程中形成了一些极具特色的民俗风情，如踩船灯、唱山歌、大刀舞、踩马灯、打花鼓、茶灯等丰富多彩的民间娱乐，并产生了梅县木偶戏、梅州客家古筝等地方戏剧，其中的汉剧更是闻名全国。同时梅州亦有“山歌之乡”的美誉。

客家美食誉满天下。脐橙，清香盈口，清火养颜；金柚，美观味香，肉质脆嫩；盐焗鸡，皮软肉嫩，香滑爽口；酿豆腐，肉厚嫩滑，补虚养身；梅菜扣肉，肥而不腻，补肾养血；客家娘酒，味美香醇，健身养颜。可以说，客家美食，活色生香，使人回味无穷。

梅州是一方独具风情的水土，是一处安居置业的乐土，她带着百万梅州人的期待和凝望，掀起了沉睡的面纱，在粤东大地上轻盈起舞，光彩照人。客家人情甜，客家山水美。到了梅州，你就会亲切地感受到“客家的山水能生财，客家山歌抒情怀，一声声乡音都是爱，谁来了都不愿意离开”！

李坤新　严晓欣
于梅州梅江河畔
2012 年 3 月